U0162447

高等职业教育系列教材

嵌入式系统技术应用与开发

陆渊章　徐　敏　主编

董天天　张　墅　参编

机械工业出版社

本书按照教育部新的教学改革要求，依托电子信息工程技术骨干专业建设和课程研究项目成果进行编写，突出嵌入式系统项目开发和应用能力的培养。主要内容包括嵌入式系统概述、ARM 嵌入式微处理器、嵌入式操作系统、Android Studio 开发环境、嵌入式应用程序开发和嵌入式系统硬件开发。本书基于 Android Studio 开发环境，从初学者的角度出发，循序渐进地针对嵌入式应用程序开发进行了介绍，并提供了大量的 Android 应用项目开发实例。

本书可作为高等职业院校电子信息类、物联网类、人工智能类专业高年级学生的教材，也可作为工程技术人员进行嵌入式系统开发的参考书。

本书配有微课视频，可扫描二维码观看。另外，本书配有电子课件和源代码，需要的教师可登录机械工业出版社教育服务网（www.cmpedu.com）免费注册，审核通过后下载，或联系编辑索取（微信：15910938545，电话：010-88379739）。

图书在版编目（CIP）数据

嵌入式系统技术应用与开发 / 陆渊章，徐敏主编 . —北京：机械工业出版社，2020.7（2024.1 重印）
高等职业教育系列教材
ISBN 978-7-111-66218-1

Ⅰ.①嵌…　Ⅱ.①陆…②徐…　Ⅲ.①微型计算机-系统设计-高等职业教育-教材　Ⅳ.①TP360.21

中国版本图书馆 CIP 数据核字（2020）第 137389 号

机械工业出版社（北京市百万庄大街 22 号　邮政编码 100037）
策划编辑：和庆娣　　责任编辑：和庆娣
责任校对：张艳霞　　责任印制：刘　媛
涿州市般润文化传播有限公司印刷

2024 年 1 月 • 第 1 版 • 第 3 次印刷
184mm×260mm • 12 印张 • 295 千字
标准书号：ISBN 978-7-111-66218-1
定价：45.00 元

电话服务　　　　　　　　　　　　　网络服务
客服电话：010-88361066　　　　　　机 工 官 网：www.cmpbook.com
　　　　　010-88379833　　　　　　机 工 官 博：weibo.com/cmp1952
　　　　　010-68326294　　　　　　金 书 网：www.golden-book.com
封底无防伪标均为盗版　　　　　机工教育服务网：www.cmpedu.com

高等职业教育系列教材
电子类专业编委会成员名单

主　　任　曹建林

副 主 任　（按姓氏笔画排序）

于宝明　王钧铭　任德齐　华永平　刘　松　孙　萍

孙学耕　杨元挺　杨欣斌　吴元凯　吴雪纯　张中洲

张福强　俞　宁　郭　勇　曹　毅　梁永生　董维佳

蒋蒙安　程远东

委　　员　（按姓氏笔画排序）

丁慧洁　王卫兵　王树忠　王新新　牛百齐　吉雪峰

朱小祥　庄海军　关景新　孙　刚　李菊芳　李朝林

李福军　杨打生　杨国华　肖晓琳　何丽梅　余　华

汪赵强　张静之　陈　良　陈子聪　陈东群　陈必群

陈晓文　邵　瑛　季顺宁　郑志勇　赵航涛　赵新宽

胡　钢　胡克满　闫立新　姚建永　聂开俊　贾正松

夏玉果　夏西泉　高　波　高　健　郭　兵　郭雄艺

陶亚雄　黄永定　黄瑞梅　章大钧　商红桃　彭　勇

董春利　程智宾　曾晓宏　詹新生　廉亚因　蔡建军

谭克清　戴红霞　魏　巍　瞿文影

秘 书 长　胡毓坚

出版说明

党的二十大报告首次提出"加强教材建设和管理",表明了教材建设国家事权的重要属性,凸显了教材工作在党和国家事业发展全局中的重要地位,体现了以习近平同志为核心的党中央对教材工作的高度重视和对"尺寸课本、国之大者"的殷切期望。教材作为教育目标、理念、内容、方法、规律的集中体现,是教育教学的基本载体和关键支撑,是教育核心竞争力的重要体现。建设高质量教材体系,对于建设高质量教育体系而言,既是应有之义,也是重要基础和保障。为落实立德树人根本任务,发挥铸魂育人实效,机械工业出版社组织国内多所职业院校(其中大部分院校入选"双高"计划)的院校领导和骨干教师展开专业和课程建设研讨,以适应新时代职业教育发展要求和教学需求为目标,规划并出版了"高等职业教育系列教材"丛书。

该系列教材以岗位需求为导向,涵盖计算机、电子信息、自动化和机电类等专业,由院校和企业合作开发,由具有丰富教学经验和实践经验的"双师型"教师编写,并邀请专家审定大纲和审读书稿,致力于打造充分适应新时代职业教育教学模式、满足职业院校教学改革和专业建设需求、体现工学结合特点的精品化教材。

归纳起来,本系列教材具有以下特点:

1)充分体现规划性和系统性。系列教材由机械工业出版社发起,定期组织相关领域专家、院校领导、骨干教师和企业代表开展编委会年会和专业研讨会,在研究专业和课程建设的基础上,规划教材选题,审定教材大纲,组织人员编写,并经专家审核后出版。整个教材开发过程以质量为先,严谨高效,为建立高质量、高水平的专业教材体系奠定了基础。

2)工学结合,围绕学生职业技能设计教材内容和编写形式。基础课程教材在保持扎实理论基础的同时,增加实训、习题、知识拓展以及立体化配套资源;专业课程教材突出理论和实践相统一,注重以企业真实生产项目、典型工作任务、案例等为载体组织教学单元,采用项目导向、任务驱动等编写模式,强调实践性。

3)教材内容科学先进,教材编排展现力强。系列教材紧随技术和经济的发展而更新,及时将新知识、新技术、新工艺和新案例等引入教材;同时注重吸收最新的教学理念,并积极支持新专业的教材建设。教材编排注重图、文、表并茂,生动活泼,形式新颖;名称、名词、术语等均符合国家有关技术质量标准和规范。

4)注重立体化资源建设。系列教材针对部分课程特点,力求通过随书二维码等形式,将教学视频、仿真动画、案例拓展、习题试卷及解答等教学资源融入到教材中,使学生学习课上课下相结合,为高素质技能型人才的培养提供更多的教学手段。

由于我国高等职业教育改革和发展的速度很快,加之我们的水平和经验有限,因此在教材的编写和出版过程中难免出现疏漏。恳请使用本系列教材的师生及时向我们反馈相关信息,以利于我们今后不断提高教材的出版质量,为广大师生提供更多、更适用的教材。

机械工业出版社

前　言

本书是按照教育部新的教学改革要求，依托电子信息工程技术骨干专业建设和课程研究项目成果进行编写的，突出嵌入式系统项目开发和应用能力的培养。本书根据嵌入式系统的发展趋势，针对嵌入式系统的应用特点，由浅入深、循序渐进地介绍了嵌入式系统技术应用与开发的基础知识，通过详细讲解项目开发、调试、应用的整个过程，突出嵌入式系统的开发方法和技巧，从而培养读者嵌入式系统应用软件设计、硬件调试等专业技能。

本书在编写过程中遵循高等职业教育的特点，理论与实践相结合，充分体现学习技能的层次性、渐进性和实践性特点，主要通过嵌入式系统技术应用和嵌入式系统技术开发两条主线进行介绍，使读者更容易学习和掌握嵌入式系统软硬件开发及应用技能。各院校可根据教学实际情况对项目任务和学时进行适当调整。

全书共 6 章，分别为嵌入式系统概述、ARM 嵌入式微处理器、嵌入式操作系统、Android Studio 开发环境、嵌入式应用程序开发和嵌入式系统硬件开发。前 3 章主要阐述什么是嵌入式系统，基于 ARM 的嵌入式开发环境以及如何学好嵌入式系统开发。第 4~6 章从安装开发环境入手，从第一个 Android 应用程序进行剖析，到经典 Android 控件布局以及应用程序开发拓展，最后完成一个基于服务器端和客户端结构的综合案例设计和分析。本书案例丰富，且每章配有"本章小结"和"思考与习题"，帮助读者对所学内容进行深入的思考，提高读者分析问题和解决问题的能力。

本书凝聚了编者多年的教学经验和总结，由陆渊章、徐敏主编，董天天、张墅参编。具体编写分工如下：第 1、2 章由陆渊章编写；第 4、5 章由徐敏编写；第 3 章由张墅编写；第 6 章由董天天编写。此外，参与本书审稿的人员有夏玉果、戴红霞、王恩亮、杜文龙、欧阳乔、魏巍、李从宏、王波等。全书最后由陆渊章负责统筹和定稿。谨向每一位关心和支持本书编写工作的人士表示感谢！

由于时间和编者水平有限，书中难免有疏漏和不妥之处，恳请大家批评指正。

编　者

目　　录

出版说明
前言
第1章　嵌入式系统概述 ⋯⋯⋯⋯⋯⋯⋯⋯⋯⋯⋯⋯⋯⋯⋯ 1
　1.1　嵌入式系统的定义 ⋯⋯⋯⋯⋯⋯⋯⋯⋯⋯⋯⋯⋯ 1
　1.2　嵌入式系统的特点 ⋯⋯⋯⋯⋯⋯⋯⋯⋯⋯⋯⋯⋯ 1
　1.3　嵌入式系统的组成和分类 ⋯⋯⋯⋯⋯⋯⋯⋯⋯⋯ 2
　　1.3.1　嵌入式系统的组成 ⋯⋯⋯⋯⋯⋯⋯⋯⋯⋯ 2
　　1.3.2　嵌入式系统的分类 ⋯⋯⋯⋯⋯⋯⋯⋯⋯⋯ 4
　1.4　嵌入式系统的发展与应用 ⋯⋯⋯⋯⋯⋯⋯⋯⋯⋯ 5
　1.5　基于ARM的嵌入式开发环境 ⋯⋯⋯⋯⋯⋯⋯⋯ 6
　　1.5.1　交叉开发环境 ⋯⋯⋯⋯⋯⋯⋯⋯⋯⋯⋯⋯ 6
　　1.5.2　模拟开发环境 ⋯⋯⋯⋯⋯⋯⋯⋯⋯⋯⋯⋯ 7
　1.6　如何学好嵌入式系统开发 ⋯⋯⋯⋯⋯⋯⋯⋯⋯⋯ 8
　本章小结 ⋯⋯⋯⋯⋯⋯⋯⋯⋯⋯⋯⋯⋯⋯⋯⋯⋯⋯⋯ 8
　思考与习题 ⋯⋯⋯⋯⋯⋯⋯⋯⋯⋯⋯⋯⋯⋯⋯⋯⋯⋯ 9
第2章　ARM嵌入式微处理器 ⋯⋯⋯⋯⋯⋯⋯⋯⋯⋯⋯ 10
　2.1　ARM嵌入式微处理器简介 ⋯⋯⋯⋯⋯⋯⋯⋯⋯ 10
　　2.1.1　嵌入式处理器分类 ⋯⋯⋯⋯⋯⋯⋯⋯⋯ 10
　　2.1.2　ARM微处理器架构 ⋯⋯⋯⋯⋯⋯⋯⋯⋯ 12
　　2.1.3　ARM嵌入式微处理器系列 ⋯⋯⋯⋯⋯⋯ 13
　　2.1.4　ARM版本的命名规则 ⋯⋯⋯⋯⋯⋯⋯⋯ 17
　2.2　ARM嵌入式微处理器体系结构 ⋯⋯⋯⋯⋯⋯⋯ 19
　　2.2.1　ARM体系结构的存储器格式 ⋯⋯⋯⋯⋯ 19
　　2.2.2　ARM体系结构的工作状态 ⋯⋯⋯⋯⋯⋯ 19
　　2.2.3　ARM体系结构的运行模式 ⋯⋯⋯⋯⋯⋯ 20
　　2.2.4　ARM体系结构的寄存器 ⋯⋯⋯⋯⋯⋯⋯ 21
　2.3　ARM的异常处理 ⋯⋯⋯⋯⋯⋯⋯⋯⋯⋯⋯⋯⋯ 26
　　2.3.1　ARM体系支持的异常类型 ⋯⋯⋯⋯⋯⋯ 26
　　2.3.2　ARM的异常中断 ⋯⋯⋯⋯⋯⋯⋯⋯⋯⋯ 28
　　2.3.3　ARM的异常响应 ⋯⋯⋯⋯⋯⋯⋯⋯⋯⋯ 29
　　2.3.4　ARM的异常返回 ⋯⋯⋯⋯⋯⋯⋯⋯⋯⋯ 29
　本章小结 ⋯⋯⋯⋯⋯⋯⋯⋯⋯⋯⋯⋯⋯⋯⋯⋯⋯⋯⋯ 30
　思考与习题 ⋯⋯⋯⋯⋯⋯⋯⋯⋯⋯⋯⋯⋯⋯⋯⋯⋯⋯ 30
第3章　嵌入式操作系统 ⋯⋯⋯⋯⋯⋯⋯⋯⋯⋯⋯⋯⋯ 31
　3.1　嵌入式操作系统简介 ⋯⋯⋯⋯⋯⋯⋯⋯⋯⋯⋯ 31
　　3.1.1　嵌入式最小系统 ⋯⋯⋯⋯⋯⋯⋯⋯⋯⋯ 31

　　　3.1.2　嵌入式操作系统概念 ·· 31
　　　3.1.3　嵌入式操作系统性能管理 ··· 33
　3.2　常用的嵌入式操作系统 ··· 34
　　　3.2.1　嵌入式 Linux 操作系统 ·· 35
　　　3.2.2　嵌入式 Android 操作系统 ·· 36
　　　3.2.3　其他嵌入式操作系统 ·· 38
　本章小结 ··· 40
　思考与习题 ·· 40
第 4 章　Android Studio 开发环境 ··· 41
　4.1　项目 1　搭建嵌入式开发环境 ··· 41
　　　4.1.1　Android 系统编译环境 ·· 41
　　　4.1.2　应用开发环境介绍 ··· 42
　　　4.1.3　开发工具应用解析 ··· 43
　　　4.1.4　调试方式与快捷键 ··· 44
　　　4.1.5　搭建步骤详解 ··· 44
　4.2　项目 2　编写 Hello Android 应用程序 ·· 49
　　　4.2.1　创建一个新的 Android 工程 ··· 49
　　　4.2.2　修改程序 ··· 53
　　　4.2.3　运行结果 ··· 54
　4.3　项目 3　应用布局 ··· 54
　　　4.3.1　布局简介 ··· 55
　　　4.3.2　线性布局（LinearLayout） ·· 56
　　　4.3.3　相对布局（RelativeLayout） ·· 59
　　　4.3.4　表格布局（TableLayout） ··· 61
　　　4.3.5　帧布局（FrameLayout） ··· 63
　　　4.3.6　嵌套布局 ··· 65
　4.4　项目 4　经典界面控件 ··· 67
　　　4.4.1　控件简介 ··· 67
　　　4.4.2　TextView 控件 ·· 67
　　　4.4.3　Button 控件 ·· 69
　　　4.4.4　EditText 控件 ··· 71
　　　4.4.5　CheckBox 控件 ··· 72
　　　4.4.6　ImageButton 控件 ··· 74
　4.5　项目 5　其他界面控件与视图 ··· 75
　　　4.5.1　Spinner 控件 ·· 75
　　　4.5.2　ProgressBar 控件 ··· 79
　　　4.5.3　RatingBar 控件 ··· 80
　　　4.5.4　ScrollView 视图 ·· 82
　　　4.5.5　GridView 视图 ·· 85
　　　4.5.6　Gallery 视图 ··· 87

4.5.7　TabHost 视图 ………………………………………………………… 90

4.6　项目 6　Intent 和 Activity ……………………………………………………… 92

4.6.1　Activity 的生命周期 …………………………………………………… 92

4.6.2　Intent 介绍 ……………………………………………………………… 93

4.6.3　新建 Activity 类 ………………………………………………………… 93

4.6.4　Activity 间的普通跳转 ………………………………………………… 94

4.6.5　等待返回的 Activity 间的跳转 ………………………………………… 94

4.6.6　启动其他应用 …………………………………………………………… 96

本章小结 ………………………………………………………………………………… 97

思考与习题 ……………………………………………………………………………… 97

第 5 章　嵌入式应用程序开发 ………………………………………………………… 98

5.1　项目 7　提示信息（Toast）…………………………………………………… 98

5.1.1　Toast 介绍 ……………………………………………………………… 98

5.1.2　系统默认的 Toast ……………………………………………………… 98

5.1.3　自定义的 Toast ………………………………………………………… 99

5.2　项目 8　通知提示（Notification）…………………………………………… 100

5.2.1　Notification 介绍 ……………………………………………………… 100

5.2.2　特殊的 Notification …………………………………………………… 101

5.3　综合项目　天气预报 …………………………………………………………… 102

5.3.1　设计原理 ……………………………………………………………… 102

5.3.2　设计流程 ……………………………………………………………… 102

5.3.3　网络定位 ……………………………………………………………… 103

5.3.4　访问天气服务器 ……………………………………………………… 105

5.3.5　XML 文件解析 ………………………………………………………… 107

5.3.6　运行结果 ……………………………………………………………… 110

本章小结 ………………………………………………………………………………… 112

思考与习题 ……………………………………………………………………………… 112

第 6 章　嵌入式系统硬件开发 ……………………………………………………… 113

6.1　项目 9　JNI 开发实验 ………………………………………………………… 113

6.1.1　JNI 介绍 ……………………………………………………………… 113

6.1.2　下载 NDK 和构建工具 ………………………………………………… 114

6.1.3　新建 Hello JNI 工程 …………………………………………………… 114

6.1.4　编译 Hello JNI 工程 …………………………………………………… 116

6.1.5　代码解析 ……………………………………………………………… 117

6.2　项目 10　BUZZER 蜂鸣器控制实验 ………………………………………… 118

6.2.1　Linux 系统的 API ……………………………………………………… 118

6.2.2　项目原理 ……………………………………………………………… 119

6.2.3　内核驱动 ……………………………………………………………… 119

6.2.4　应用程序编写 ………………………………………………………… 122

6.2.5　调试运行 ……………………………………………………………… 126

6.3　项目 11　LED 指示灯控制实验 127

6.3.1　项目原理 127

6.3.2　内核驱动 128

6.3.3　Linux 平台设备驱动 128

6.3.4　应用程序编写 134

6.3.5　调试运行 136

6.4　项目 12　ADC 模数转换实验 139

6.4.1　项目原理 139

6.4.2　内核驱动 140

6.4.3　应用程序编写 140

6.4.4　调试运行 145

6.5　项目 13　UART 串口通信实验 146

6.5.1　串口介绍 146

6.5.2　项目原理 147

6.5.3　内核驱动 147

6.5.4　应用程序编写 148

6.5.5　调试运行 158

6.6　项目 14　WiFi 无线通信实验 163

6.6.1　WiFi 介绍 163

6.6.2　内核驱动 164

6.6.3　项目原理 164

6.6.4　应用程序编写 164

6.6.5　调试运行 171

6.7　项目 15　GPS 定位系统实验 173

6.7.1　GPS 工作原理 173

6.7.2　项目原理 174

6.7.3　系统 API 介绍 174

6.7.4　应用程序编写 175

6.7.5　调试运行 180

本章小结 181

思考与习题 181

参考文献 182

第1章　嵌入式系统概述

本章首先介绍嵌入式系统的定义，其次介绍嵌入式系统的特点、组成和分类，然后介绍嵌入式系统的发展与应用，最后对基于 ARM 的嵌入式开发环境做了简单的介绍。希望读者通过对本章的阅读，能对嵌入式系统有总体上的认识。

第1章　嵌入式系统概述

1.1　嵌入式系统的定义

本节主要介绍计算机系统和嵌入式系统的基本概念，便于读者对嵌入式系统有初步的认识。

1．计算机系统

嵌入式系统（Embedded System）也称嵌入式计算机系统，所以，嵌入式系统是计算机系统的一种特殊形式。因此，在理解嵌入式系统概念前，必须先明确计算机系统的基本概念。计算机是能按照指令对各种数据进行自动加工处理的电子设备，一套完整的计算机系统包括软件和硬件两部分。软件是指令与数据的集合，一般包括操作系统和应用程序。硬件则是执行指令和处理数据的平台，主要由中央处理器（CPU）、存储器、外部设备等组成。

2．嵌入式系统

嵌入式系统是以应用为中心，以计算机技术为基础，软、硬件可剪裁，适应应用系统对功能、可靠性、成本、体积、功耗严格要求的专用计算机系统。

不同的应用对计算机有不同的需求，嵌入式计算机系统在满足应用对功能和性能需求的前提下，还要适应应用对计算机的可靠性、功耗、环境适应性等方面的要求，在一般情况下，还要尽量降低系统的硬件成本。

简单地说，嵌入式系统是为具体应用定制的专用计算机系统。定制过程既体现在硬件方面，也体现在软件方面。在硬件方面，需要针对具体的应用，选择适当的芯片、体系结构，设计满足应用需求的接口；在软件方面，则需要明确是否安装操作系统、配置适当的系统软件开发环境、编写专用的应用程序等。

📖 思考一下：生活中有哪些嵌入式系统的例子？

1.2　嵌入式系统的特点

嵌入式系统的特点包含系统架构精简、高实时性、多任务操作系统、专门的开发环境和模式。嵌入式系统与通用计算机系统在基本原理上虽没有根本的区别，但因为应用目标和场合不同，嵌入式系统有着自身的特点。

1．架构精简

嵌入式系统作为一个固定的组成部分嵌入在设备中，因受体积、功耗等条件的约束，其系统规模必然有一定的限制。例如，现在的手机功能日益强大，但电路板设计、系统装配等都要求紧凑、小巧。嵌入式系统的架构在硬件功能、安装要求上比较固定和单一，系统比较精简，一般没有或仅有较少的扩展能力；在软件上，嵌入式系统往往是一个设备的固定组成部分，其软件功能由设备的需求决定，一般不需要对软件进行较大改动，架构也比较固定。

2．高实时性

设备中的嵌入式系统常用于实现数据采集、信息处理、实时控制等功能，而采集、处理、控制往往是一个连续的过程。一个过程要求必须在一定长的时间内完成，这就是系统的实时性要求。例如，应用在国防工业、航空、航天、武器装备、某些工业控制装置中的嵌入式系统的实时性要求就极高。

3．多任务操作系统

在一个功能简单的嵌入式系统中，可能根本不用安装操作系统，直接在硬件平台底层上运行应用程序即可；而一些功能复杂的嵌入式系统，可能需要支持网络互联、文件系统，实现灵活的多媒体功能，此时，在硬件平台和应用程序之间增加一个操作系统层，使应用程序的设计变得简单，而且便于实现更高的可靠性，缩短系统开发时间。

目前有多种嵌入式操作系统，如 Android、Linux、VxWorks 等。这些操作系统功能日益完善，嵌入式操作系统相对于通用计算机操作系统，具有模块化、结构精简、定制力强、可靠性高、实时性好等特点。

4．专门的开发环境和模式

目前软件设计工作大多采用集成开发环境（IDE），将代码编辑、编译、链接、仿真、调试等软件开发工具集成在一起。嵌入式系统针对具体的应用进行设计，其硬件、软件的配置往往不支持应用程序开发。在实际开发中，一般采用交叉开发软件设计模式，即将通用计算机（一般是 PC）作为开发机，进行嵌入式软件的编辑、编译、链接，在开发机上进行仿真，然后下载到嵌入式目标系统中运行测试，最终代码将固化到目标系统的存储器中运行。

1.3 嵌入式系统的组成和分类

1.3 嵌入式系统的组成和分类

1.3.1 嵌入式系统的组成

嵌入式系统是具有应用针对性的专用计算机系统，应用是作为一个固定的组成部分"嵌入"在对象中。每个嵌入式系统都是针对特定应用定制的，所以不同的嵌入式系统在功能、性能、体系结构、外观等方面可能存在较大的差异，但从计算机原理的角度看，嵌入式系统也包括硬件和软件两部分。图 1-1 所示为一个典型的嵌入式系统组成，实际系统中可能不会包括图中所有的组成部分，各个嵌入式系统可以有不同的结构组成。

（1）嵌入式系统硬件

嵌入式系统硬件部分以嵌入式处理器为核心，还包含扩展存储器及外部设备接口控制器。在某些应用中，为提高系统性能，还可为处理器扩展 DSP 或 FPGA 等作为协处理器，实现视频编码、语音编码及其他数字信号处理等功能。在一些芯片级系统（System On Chip，SoC）中，将 DSP 或 FPGA 与处理器集成在一个芯片内，降低系统成本，缩小电路板面积，提高系统可靠性。

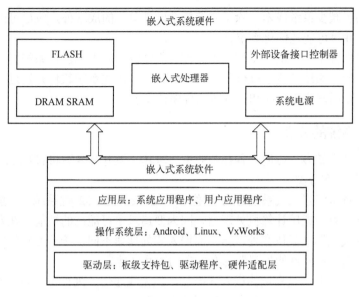

图 1-1　典型的嵌入式系统组成

嵌入式系统的硬件由嵌入式微处理器、存储器（RAM、ROM、Flash）、外部电路及外部设备接口构成。嵌入式处理器是系统的核心，负责控制整个系统的各部分有序工作。目前，嵌入式微处理器的品种已经超过上千种，流行的体系结构多达几十个（比较典型的是 8051 体系和 ARM 体系结构），寻址空间从 64KB～2GB、处理速度从 0.1～2000MIPS 不等，已形成了一个大家族。嵌入式处理器一般分成嵌入式微处理器（MPU）、嵌入式微控制器（MCU）、嵌入式数字信号处理器（DSP）、嵌入式芯片级系统（SoC）几大类。与通用计算机的微处理器不同，嵌入式微处理器通常把通用计算机中的一些接口电路和板卡功能集成到芯片内部，使嵌入式系统在小体积、低功耗和高可靠性方面更具优势。操作系统和应用程序都固化在 ROM 中用外围电路为系统提供时钟及系统复位等功能，外部设备一般包括实现人机接口的键盘、显示器等设备及接口电路。

📖　嵌入式系统硬件的可裁剪性可以实现某些特定的功能。

嵌入式系统硬件部分除了嵌入式处理器外，还包括丰富的外部接口。也正是这些丰富的外部接口，才带来嵌入式系统越来越丰富的应用。例如，现在的 ARM 处理器内部的接口已相当丰富，像 I2C、SPI、UART 和 USB 等接口，基本上都已是"标准"配置，在设计系统的时候，通常只要把处理器和外部设备进行物理连接就可以实现外部接口扩展了。同时，虽然随着嵌入式处理器高度集成化技术的发展，可供使用的接口越来越多，功能也越来越强，但是扩展外部接口时所需要的外部接口电路却变得越来越少。

（2）嵌入式系统软件

嵌入式系统的应用程序是针对特定的专业领域，基于相应的嵌入式硬件平台，能完成用户预期任务的计算机软件。应用程序是嵌入式系统中的上层软件，它定义了嵌入式设备的主要功能和用途，并负责与用户进行交互。应用程序是嵌入式系统功能的体现，如飞行控制软件、手机软件、电子地图软件等，一般面向于特定的应用领域。有些应用程序需要嵌入式操作系统的支持，但有些简单的应用场合下不需要专门的操作系统。由于嵌入式应用对成本十分敏感，因此为了减少系统成本，除了精简每个硬件单元的成本外，应尽可能地减少应用程序的资源消耗，并尽可能地优化系统。

嵌入式系统软件部分中的驱动层向下管理硬件资源，向上为操作系统提供一个抽象的虚拟硬件平台，是操作系统支持多硬件平台的关键。在嵌入式系统软件开发过程中，用户的主要精力一般集中在用户应用程序和设备驱动程序开发上。

1.3.2 嵌入式系统的分类

嵌入式系统种类繁多，应用在各行各业里，对其分类有很多不同的方法。

1. 按处理器位宽分类

按处理器位宽可将嵌入式系统分为 4 位、8 位、16 位、32 位系统，一般情况下，位宽越大，性能越强。对于通用计算机处理器，因为要追求尽可能高的性能，在发展历程中总是高位宽处理器取代或淘汰低位宽处理器。而嵌入式处理器不同，千差万别的应用对处理器要求也大不相同，因此不同性能处理器都有各自的用武之地。

许多智能化产品尤其是高端的嵌入式产品，如无线通信、汽车电子等，不仅要求系统能实现简单的智能，还要求其实现复杂的数据处理、数据通信等功能。这类产品的嵌入式系统一般采用高位宽的 32 位微处理器（例如 STM32 系列）作为硬件核心，软件一般采用移植嵌入式实时操作系统，实现多线程的程序控制。

2. 按有无操作系统分类

现代通用计算机中，操作系统是必不可少的系统软件。在嵌入式系统中则有两种情况：有操作系统的嵌入式系统和无操作系统（裸机）的嵌入式系统。

在有操作系统支持的情况下，嵌入式系统的任务管理、内存管理、设备管理、文件管理等都由操作系统完成，并且操作系统为应用程序提供丰富的编程接口，用户在进行应用程序开发时可以把精力都放在具体的应用设计上，这与在 PC 上开发软件相似。

在一些功能单一的嵌入式系统中，如基于 8051 单片机嵌入式系统，硬件平台很简单，系统不需要支持复杂的显示、通信协议、文件系统、多任务的管理等，这种情况下可以不用安装操作系统。

3. 按系统实时性分类

根据实时性要求，可将嵌入式系统分为硬实时系统和软实时系统两类。

在硬实时系统中，系统要确保在最坏情况下的服务时间，即对事件响应时间的截止期限必须得到满足。在此系统中，如果一个事件在规定期限内不能得到及时处理则会导致致命的系统错误。

在软实时系统中，一个任务能够得到确保的处理时间，到达系统的时间也能够在截止期限前得到处理，但在截止期限条件没得到满足时，并不会带来致命的系统错误。

4. 按应用分类

嵌入式系统各行各业都有广泛的应用，按照应用领域的不同可对嵌入式系统进行如下分类。

（1）消费类电子产品

消费类电子产品是嵌入式系统需求最大的应用领域，日常生活中的各种电子产品都有嵌入式系统的身影，从传统的智能电视、冰箱、数字机顶盒、数字照相机，到可穿戴设备、智能家居、无人机等。

（2）过程控制类产品

过程控制类的应用有很多，如生产过程控制、数控机床、汽车电子、电梯控制等。在过程控制中引入嵌入式系统可显著提高效率和精确性。

（3）信息、通信类产品

通信是信息社会的基础，其中最重要的是各种有线网络和无线网络，在这个领域大量应用嵌入式系统，如路由器、交换机、调制解调器、多媒体网关、计费器等。

很多与通信相关的信息终端也大量采用嵌入式技术，如 POS 机、自动取款机（ATM）等。使用嵌入式技术的信息类产品还包括键盘、显示器、打印机、扫描仪等计算机外部设备。

（4）智能仪器、仪表产品

嵌入式系统在智能仪器、仪表中大量应用，采用计算机技术不仅可以提高仪器、仪表的性能，还可以设计出传统模拟设备所不具备的功能。如传统的模拟示波器能显示波形，通过刻度人为计算频率、幅度等参数，而基于嵌入式计算机技术设计的数字示波器，除更稳定显示波形外，还能自动测量频率、幅度等。

（5）航空、航天设备与武器系统

航空、航天设备与武器系统一直是高精尖技术集中应用的领域，如飞机、宇宙飞船、卫星、军舰、坦克、火箭、雷达、导弹、智能炮弹等，嵌入式系统是这些设备的关键组成部分。

（6）公共管理与安全产品

在公共管理与安全产品中，嵌入式系统常用于实现数字视频的压缩编码、硬盘存储、网络传输等，在更智能的视频监控系统中，嵌入式系统甚至能实现人脸识别、目标跟踪、动作识别、可疑行为判断等高级功能。

1.4　嵌入式系统的发展与应用

嵌入式系统始于微型机时代的嵌入式应用，通过将微型机嵌入到一个对象体系中，实现对象系统的智能化控制。在单片机时代，嵌入式系统以器件形态迅速进入到传统电子技术领域中，以电子技术应用工程师为主体，实现传统电子系统的智能化。而后，随着 PC 时代的到来，网络、通信技术得以发展，嵌入式系统软、硬件技术有了很大的提升，形成了基于嵌入式系统软、硬件平台，以网络、通信为主的非嵌入式底层应用的计算机应用模式。

1. 嵌入式系统的发展

早期的计算机由电子管组成，体积庞大，主要用于完成复杂的计算任务。随着晶体管计算机的出现，尤其是集成电路在计算机中的应用，计算机体积越来越小，性能越来越强。除了数值计算外，计算机还可以实现数据采集、信息处理、自动控制等功能，将专门设计的计算机集成到传统设备中，可显著提高设备的性能。此时，一种新的计算机类型——嵌入式系统应运而生。

在嵌入式系统发展之初，因为计算机还是一个昂贵的电子设备，所以其应用仅限于军事、工业控制等领域。随着微处理器技术的飞速发展，计算机集成度越来越高，在性能提高的同时，计算机也变得越来越小、越来越廉价，嵌入式系统也进入蓬勃发展时期。

2．嵌入式系统的应用

现代社会生活中，嵌入式系统广泛应用在工业控制、交通管理、信息家电、家庭智能管理、环境工程与自然、机器人等领域，可以说嵌入式系统无处不在。

（1）工业控制

基于嵌入式芯片的工业自动化设备将获得长足的发展，已经有大量的 16 位、32 位嵌入式微控制器得到广泛应用，如工业过程控制、数字机床、电力系统、电网安全、电网设备监测、石油化工系统。

（2）交通管理

在车辆导航、流量控制、信息监测与汽车服务方面，嵌入式系统技术已经获得了广泛的应用，移动定位终端已经在各种运输行业获得了成功的使用。

（3）信息家电

信息家电将成为嵌入式系统最大的应用领域，冰箱、空调等的网络化、智能化将引领人们的生活步入一个崭新的空间。如可远程控制家中的智能电器。在这些设备中，嵌入式系统将大有用武之地。

（4）家庭智能管理

家庭水、电、煤气表的远程自动抄表，安全防火、防盗系统，其中嵌有的专用控制芯片将代替传统的人工检查，并实现更高，更准确和更安全的性能。

（5）环境工程与自然

水文资料实时监测，防洪体系及水土质量监测、堤坝安全，地震监测网，实时气象信息网，水源和空气污染监测，在很多环境恶劣，地况复杂的地区，嵌入式系统将实现无人监测。

（6）机器人

嵌入式芯片的发展将使机器人在微型化、高智能方面优势更加明显，同时会大幅度降低的价格，使机器人在工业领域和服务领域获得更广泛的应用。

1.5 基于 ARM 的嵌入式开发环境

1.5 基于 ARM 的嵌入式开发环境

1.5.1 交叉开发环境

交叉开发环境一般由运行于宿主机上的交叉开发软件和宿主机到目标机的调试通道组成。

作为嵌入式系统常用的 ARM 处理器，其应用程序的开发属于跨平台开发，因此需要一个交叉开发环境。交叉开发是指在一台通用计算机上进行软件的编辑编译，然后下载到嵌入式设备中进行运行调试的开发方式。用来开发的通用计算机可以选用比较常见的 PC、工作站等，运行通用的 Windows 操作系统。开发计算机一般称宿主机，嵌入式设备称为目标机，在宿主机上编译好的程序，下载到目标机上运行。交叉开发环境提供调试工具对目标机上运行的程序进行调试。

1．交叉开发软件

运行于宿主机上的交叉开发软件必须包含编译调试模块，其编译器为交叉编译器。作为宿主机的一般为基于 x86 体系的通用计算机，而编译出的代码必须在 ARM 体系结构的目标机上运行，这就是交叉编译。在宿主机上编译好目标代码后，通过宿主机到目标机的调试通道将代码下载到目标机，然后由运行于宿主机的调试软件控制代码在目标机上运行调试。为了方便调试开发，交叉开发软件一般为一个整合编辑、编译汇编链接、调试、工程管理及函数库等功能模块的集成开发环境（Integrated Development Environment，IDE）。

2．宿主机到目标机的调试通道

组成 ARM 交叉开发环境的宿主机到目标机的调试通道一般有以下 3 种。

（1）基于 JTAG 的在线调试器（In-Circuit Debugger，ICD）

联合测试工作组（Joint Test Action Group，JTAG）的在线调试器也称为 JTAG 仿真器，是通过 ARM 芯片的 JTAG 边界扫描口进行调试的设备。JTAG 仿真器通过 ARM 处理器的 JTAG 调试接口与目标机通信，通过并口或串口、网口、USB 口与宿主机通信。JTAG 仿真器比较便宜，连接比较方便。通过现有的 JTAG 边界扫描口与 ARM 的 CPU 通信，属于完全非插入式（不使用片上资源）调试，它无须目标存储器，不占用目标系统的任何应用端口。通过 JTAG 方式可以完成以下功能。

- 读出/写入 CPU 的寄存器，访问控制 ARM 处理器内核。
- 读出/写入内存，访问系统中的存储器。
- 访问 ASIC 系统。
- 访问 I/O 系统。
- 控制程序单步执行和实时执行。
- 实时地设置基于指令地址值或者基于数据值的断点。

基于 JTAG 仿真器的调试是目前 ARM 开发中采用最多的一种方式。

（2）Angel 调试监控软件

Angel 调试监控软件也称为驻留监控软件，是一组运行在目标机上的程序，可以接收宿主机上调试器发送的命令，执行诸如设置断点、单步执行目标程序、读写存储器、查看或修改寄存器等操作。宿主机上的调试软件一般通过串行端口、以太网口、并行端口等通信端口与 Angel 调试监控软件进行通信。与基于 JTAG 的调试不同，Angel 调试监控程序需要占用一定的系统资源，如内存、通信端口等。驻留监控软件是一种比较低廉有效的调试方式，不需要任何其他的硬件调试和仿真设备。

Angel 调试监控软件的不便之处在于它对硬件设备的要求比较高，一般在硬件稳定之后才能进行应用程序的开发，同时它占用目标机上的一部分资源，如内存、通信端口等，而且不能对程序的全速运行进行完全仿真，所以对一些要求严格的情况不是很适合。

（3）在线仿真器（In-Circuit Emulator，ICE）

在线仿真器是一种模拟 CPU 的设备，它使用仿真头完全取代目标机上的 CPU，可以完全仿真 ARM 芯片的行为，提供更加深入的调试功能。在和宿主机连接的接口上，在线仿真器也是通过串行端口或并行端口、网口、USB 口通信。在线仿真器为了能够全速仿真时钟速度很高的 ARM 处理器，通常必须采用极其复杂的设计和工艺，因而其价格比较昂贵。在线仿真器通常用在 ARM 的硬件开发中，在软件的开发中较少使用。

1.5.2　模拟开发环境

通常，为保证嵌入式系统开发项目的进度，硬件开发和软件开发往往同时进行，这时作为目标机的硬件环境还没有建立起来，软件的开发就需要一个模拟环境来进行调试。模拟开发环境建立在交叉开发环境基础之上，是对交叉开发环境的补充。这时，除了宿主机和目标机之外，还需要提供一个在宿主机上模拟目标机的环境，使得开发好的程序直接在这个环境中运行调试。

模拟硬件环境是非常复杂的，由于指令集模拟器与真实的硬件环境相差很大，即使用户使用指令集模拟器调试通过的程序也有可能无法在真实的硬件环境下运行，因此软件模拟不可能完全代替真正的硬件环境。这种模拟调试只能作为一种初步调试，主要是作为用户程序的模拟运行，用来检查语法、程序的结构等简单错误，用户最终还必须在真实的硬件环境中实际运行调试，完成整个应用的开发。

1.6 如何学好嵌入式系统开发

ARM 微处理器因其卓越的低功耗、高性能在 32 位嵌入式应用中位居前列，为了顺应当今世界技术革新的潮流，了解、学习和掌握嵌入式技术，就必然要学习和掌握以 ARM 微处理器为核心的嵌入式开发环境和开发平台，这对于研究和开发高性能微处理器、数字信号处理（DSP）以及开发基于微处理器的 SoC 设计及应用系统开发是非常必要的。

那么究竟如何学习嵌入式的开发和应用？首先，技术基础是关键。技术基础决定了学习相关知识、掌握相关技能的潜能。嵌入式技术融合具体应用系统技术、嵌入式微处理器、DSP 技术、SoC 设计制造技术、应用电子技术和嵌入式操作系统及应用程序技术，具有极高的系统集成性，可以满足不断增长的信息处理技术对嵌入式系统设计的要求。因此学习嵌入式系统首先是学习基础知识，主要是相关的基本硬件知识，如一般处理器及接口电路（Flash/SRAM/SDRAM/Cache、UART、Timer、GPIO、Watchdog、USB、IIC 等）等硬件知识，至少了解一种 CPU 的体系结构；至少了解一种操作系统。对于应用编程，要掌握 C、Java 及 Python 程序设计，对处理器的体系结构、组织结构、指令系统、编程模式等要有一定的了解。在此基础上必须在实际工程实践中掌握一定的实际项目开发技能。

其次对于嵌入式系统开发的学习，必须要有一个较好的嵌入式开发学习平台。一方面，功能全面的开发平台为学习提供了良好的开发环境，另一方面，开发平台本身也是一般的典型实际应用系统。在学习平台上开发一些基础例程和典型实际应用例程，对于初学者和进行实际工程应用也是非常必要的。

学习嵌入式系统必须对基本内容有深入的了解。在处理器指令系统、应用编程学习的基础上，重要的是加强外部功能接口应用的学习，主要是人机接口、通信接口，如 USB 接口、A/D 转换、GPIO、以太网、IC 串行数据通信、音频接口、触摸屏等知识。嵌入式操作系统也是嵌入式系统学习重要的一部分，在此基础上才能进行各种设备驱动应用程序的开发。

 本章小结

本章对嵌入式系统定义、特点、组成和分类、发展与应用以及基于 ARM 的嵌入式开发环境做了一些简单的介绍，希望读者通过对本章的阅读，能对嵌入式系统有一个总体上的认识，为后续 ARM 嵌入式微处理器体系结构的学习打下扎实的基础。

思考与习题

1．嵌入式系统的定义是什么？身边有哪里嵌入式系统的应用实例?
2．简要说明嵌入式系统的特点。
3．嵌入式系统是如何分类的？
4．如何理解嵌入式交叉开发环境的具体含义？

第 2 章　ARM 嵌入式微处理器

本章首先介绍 ARM 名称的由来，以及 ARM 嵌入式微处理器的特点、分类及命名规则，然后分析了 ARM 体系结构的存储器格式、工作状态、运行模式以及寄存器，最后阐述了 ARM 的异常处理技术。本章重点是 ARM 体系结构的运行模式和寄存器，这是后续嵌入式系统软硬件开发的基础。

2.1　ARM 嵌入式微处理器简介

ARM（Advanced RISC Machine）既可以认为是一个公司的名字，也可以认为是对一类微处理器的通称，还可以认为是一种技术的名字。1990 年 11 月 ARM 成立于英国，原名 Advanced RISC Machine 有限公司。1991 年，ARM 推出首个嵌入式 RISC 核心——ARM6 系列处理器后不久，VLSI 率先获得授权。1993 年德州仪器（TI）和 CirrusLogic 签署了授权协议，从此 ARM 的知识产权产品和授权用户都迅速扩大。

ARM 是一家微处理器技术知识产权供应商，它既不生产芯片，也不销售芯片，只设计 RISC 微处理器。这些微处理器的知识产权就是公司的主要产品。ARM 知识产权授权用户众多，全球 20 家最大的半导体厂家中有 19 家是 ARM 的用户，全世界有 70 多家公司生产 ARM 处理器产品。ARM 微处理器应用范围广泛，包括汽车电子、消费电子、多媒体产品、工业控制、网络设备、信息安全、无线通信等。目前，基于 ARM 技术的微处理器占据 32 位 RISC 芯片约 75%的市场份额。

2.1.1　嵌入式处理器分类

嵌入式处理器分为嵌入式微控制器（Micro Control Unit，MCU）、嵌入式微处理器（Micro Process Unit，MPU）和芯片级系统（SoC）。

（1）嵌入式微控制器

嵌入式微控制器目前除了部分为 32 位处理器外，大量存在的是 8 位和 16 位的嵌入式微控制器其典型代表是单片机，如 Intel 公司的 MCS-51 系列，虽然近年来新型的高端系列产品不断出现，但这种 8 位的电子器件在嵌入式设备中仍然有着极其广泛的应用。单片机将 CPU、存储器 ROM/RAM、总线、总线逻辑、定时器/计数器、看门狗、I/O、串行口、脉宽调制输出、AD、DA 等必要功能和外设集成在一块芯片内部。和嵌入式微处理器相比，其主要特点是单片化、可靠性高、体积小，从而使功耗和成本下降，具有较高的性价比。单片机的片上外设资源一般比较丰富，适合用于控制，因此称其为嵌入式微控制器。MCU 由于低廉的价格、优良的功能，因此拥有的品种和数量最多。比较有代表性的 MCU 包括 8 位内核的 MCS-51 系列、AVR 系列、PIC 系列，16 位的 MCS-96/196/296 系列、MSP430 系列以及 32 位的 STM32 系列等，并且有支持 I2C、CAN-Bus、LCD 及众多专用 MCU 和兼容系列，嵌入式微控制器如图 2-1 所示。

图 2-1　嵌入式微控制器（MCU）

（2）嵌入式微处理器

嵌入式微处理器由通用计算机中的 CPU 演变而来。与通用计算机中的微处理器不同的是，它只保留了和嵌入式系统应用紧密相关的功能硬件，去除其他冗余部分，同时添加了必要的扩展电路与接口电路，以较低的功耗和资源满足嵌入式应用的特殊要求。嵌入式微处理器一般是 32 位的，与微控制器相比，具有较大的寻址空间和较高的处理速度，能支持嵌入式操作系统的运行。因此，嵌入式微处理器更适合中大型的嵌入式应用系统。近年来，嵌入式微处理器的主要发展方向是小体积、高性能、低功耗。同时，其专业分工也越来越明显，出现了专业的知识产权核（Intellectual Property Core，IP）供应商，如 ARM、MIPS 等。它们通过提供优质、高性能的嵌入式微处理器内核，由各个半导体厂商生产面向各个应用领域的芯片。在我国，ARM 公司的 ARM 内核的嵌入式处理器占主导地位，嵌入式微处理器如图 2-2 所示。

📖 嵌入式微处理器的类型主要有 ARM 公司的 Cortex 系列、IBM 公司的 Power PC 等。

图 2-2　嵌入式微处理器（MPU）

（3）芯片级系统

芯片级系统是 20 世纪 90 年代中期出现的一个概念，随着 EDA 的推广、VLSI 设计的普及和半导体工艺的迅速发展，在一个硅片上实现一个更为复杂的系统的时代已来临。SoC 在单芯片上集成了数字信号处理器、微控制器、存储器、数据转换器、接口电路等电路模块，可以直接实现信号采集、转换、存储、处理等功能。SoC 的最大特点是成功实现了软硬件无缝结合，具有极高的综合性，在一个硅片内部运用 VHDL 等硬件描述语言，即可实现一个复杂的系统。与传统的系统设计不同，用户不再需要绘制复杂的电路板以及焊接电路，只需要使用合适的语言，综合时序设计，直接在元器件库中调用各种通用处理器标准，通过仿真之后就可以直接交付芯片制造厂商生产。这样，除个别无法集成的元器件以外，整个嵌入式系统大部分均可集成到一块或几块芯片中，应用系统硬件电路将变得很简洁，这对嵌入式系统要求的小体积、低功耗、高可靠性非常有利。嵌入式 SoC 如图 2-3 所示。

图 2-3　嵌入式 SoC

2.1.2　ARM 微处理器架构

ARM 微处理器的架构是构建每个 ARM 处理器的基础。ARM 架构随着时间的推移不断发展，其中包含的架构功能可满足不断增长的新功能、高性能需求以及新兴市场的需要。

1. 精简指令集计算机

早期的计算机采用复杂指令集计算机（Complex Instruction Set Computer，CISC）体系，如 Intel 公司的 x86 系列 CPU。在 CISC 指令集的各种指令中，大约有 20%的指令会被反复使用，占整个程序代码的 80%。而余下的 80%的指令却不经常使用，在程序设计中只占 20%。在 CISC 中有许多复杂的指令，虽然通过增强指令系统的功能简化了软件，但增加了硬件的复杂程度。在 VLSI 制造工艺中，要求 CPU 控制逻辑具有规整性，而 CISC 为了实现大量复杂的指令，控制逻辑极不规整，给 VLSI 工艺造成很大困难。

精简指令集计算机（Reduced Instruction Set Computer，RISC）体系结构优先选取使用频率最高的简单指令，避免复杂指令；将指令长度固定，指令格式和寻址方式种类减少，以控制逻辑为主，不用或少用微码控制等。RISC 是在 CISC 的基础上产生并发展起来的，RISC 通过简化指令系统使计算机的结构更加简单合理，运算效率更高。

RISC 结构优先选取使用频率最高的简单指令，避免复杂指令；固定指令长度，减少指令格式和寻址方式种类；以控制逻辑为主。到目前为止，RISC 体系结构还没有严格的定义，采用 RISC 架构的 ARM 微处理器一般具有如下特点。

1）支持 Thumb （16 位）、ARM（32 位）双指令集，能很好地兼容 8 位/16 位元器件。Thumb 指令集比通常的 8 位和 16 位 CISC/RISC 处理器具有更好的代码密度。

2）指令执行采用 3 级/5 级流水线技术。

3）带有指令 Cache 和数据 Cache 且大量使用寄存器，指令执行速度更快，大多数数据操作都在寄存器中完成；寻址方式灵活简单，执行效率高；指令长度固定（在 ARM 状态下是 32 位，在 Thumb 状态下是 16 位）。

4）支持大端格式和小端格式两种方法存储字数据。

5）支持字节（Byte，8 位）、半字（Halfword，16 位）和字（Word，32 位）3 种数据类型。

6）支持用户、快中断、中断、管理、中止、系统和未定义 7 种处理器模式，除了用户模式外，其余的均为特权模式。

7）处理器芯片上都嵌入了在线仿真 ICE-RT 逻辑，便于通过 JTAG 来仿真调试 ARM 体系结构芯片，可以避免使用昂贵的在线仿真器。另外，在处理器核中还可以嵌入跟踪宏单元 ETM，用于监控内部总线，实时跟踪指令和数据的执行。

8）具有片上总线协议（Advanced Micro-controller Bus Architecture，AMBA）。通过 AMBA 可以方便地扩充各种处理器及 I/O，可以把 DSP、其他处理器和 I/O（如 UART、定时器和接口等）都集成在一块芯片中。

这些在基本 RISC 结构上的特性使 ARM 嵌入式微处理器在高性能、低代码规模、低功耗和小的硅片尺寸方面取得了良好的平衡。

ARM 经典处理器包括 ARM11、ARM9 和 ARM7 处理器系统。这些处理器在全球范围内仍被广泛授权，为当今众多应用领域提供经济有效的解决方案。ARM 处理器的推出时间已超过 15 年，ARM7TDMI 仍是市场上应用较广的 32 位处理器。

2. 哈佛（Harvard）结构

在 ARM7 以前，处理器采用的是冯·诺依曼结构，从 ARM9 以后的处理器多采用哈佛结构。哈佛结构的主要特点是将程序和数据存储在不同的存储空间中，即程序存储器和数据存储器是两个相互独立的存储器，每个存储器独立编址、独立访问。系统中具有程序的数据总线与地址总线，以及数据的数据总线与地址总线。这种分离的程序总线和数据总线可允许在一个机器周期内同时获取指令字（来自程序存储器）和操作数（来自数据存储器），从而提高了执行速度及数据的吞吐率。又由于程序和数据存储器在两个分开的物理空间中，因此取址和执行能完全重叠，具有较高的执行效率。

3. 流水线技术

流水线技术应用于计算机系统结构的各个方面，其基本思想是将一个重复的时序分解成若干个子过程，而每个子过程都可以有效地在其专用功能段上与其他子过程同时执行。指令流水线就是将一条指令分解成一连串执行的子过程。例如，把指令的执行过程细分为取指令、指令译码和执行 3 个过程。在 CPU 中，把一条指令的串行执行子过程变为若干条指令的子过程在 CPU 中重叠执行。

2.1.3 ARM 嵌入式微处理器系列

ARM 微处理器目前包括 ARM7 系列、ARM9 系列、ARM9E 系列、ARM10E 系列、SecurCore 系列和 Cortex 系列。除了具有 ARM 体系结构的共同特点以外，每一个系列的 ARM 微处理器都有各自的特点和应用领域。

2.1.3 ARM 嵌入式微处理器系列

1. ARM7 系列

ARM7 系列微处理器内核采用冯·诺依曼体系结构,内部具有 3 级流水线,使用的指令集版本号是 ARMV4。ARM7 TDMI 是 ARM 公司最早被业界普遍认可且得到了最为广泛应用的处理器,特别是在手机和 PDA 中。ARM7 系列微处理器为低功耗的 32 位 RISC 处理器,最适合于要求低价位和低功耗的消费类应用。ARM7 系列微处理器具有如下特点。

- 具有嵌入式 ICE-RT 逻辑,调试开发方便。
- 极低的功耗,适合对功耗要求较高的应用,如便携式产品。
- 能够提供 0.9 MIPS/MHz 的 3 级流水线结构。
- 代码密度高并兼容 16 位的 Thumb 指令集。
- 对操作系统的支持广泛,包括 Windows CE、Linux、Palm OS 等。
- 指令系统与 ARM9 系列、ARM9E 系列和 ARM10E 系列兼容,便于用户的产品升级换代。
- 主频最高可达 130 MIPS,高速的运算处理能力使其能胜任绝大多数的复杂应用。

ARM7 系列微处理器的主要应用有工业控制设备、Internet 设备、网络和调制解调器设备、移动电话等多种多媒体和嵌入式应用。ARM7 系列微处理器主要包括 ARM7TDMI、ARM7TDMI-S、ARM720T、ARM7EJ。

其中,ARM7TMDI 是目前使用最广泛的 32 位嵌入式 RISC 处理器,属低端 ARM 处理器。TDMI 的基本含义如下。

- T:支持 16 位压缩指令集 Thumb。
- D:支持片上 Debug,也即芯片内部带 Debug 模块,支持断点调试。
- M:内嵌硬件乘法器(Multiplier)。
- I:嵌入式 ICE,支持片上断点和调试点。

ARM7TDMI 内核支持 64 位结果的乘法,半字、有符号字节存取;32 位寻址空间 4 GB 线性地址空间;它包含了嵌入式 ICE 模块以支持嵌入式系统调试。调试硬件由 JTAG 测试访问端口访问,JTAG 控制逻辑被认为是处理器的一部分;具有广泛的第三方支持,并与 ARM9 Thumb 系列、ARM10 Thumb 系列处理器相兼容。ARM7TDMI 典型产品如 Samsung 公司的 S3C44B0 系列。ARM7 系列微处理器主要用于对成本和功耗要求比较苛刻的消费类电子产品。

2. ARM9 系列

ARM9 系列微处理器的内核采用哈佛结构,将数据总线与指令总线分开,从而提高了对指令和数据访问的并行性,提高了效率。ARM9TDMI 将流水线的级数从 ARM7TDMI 的 3 级增加到 5 级,ARM9TDMI 的性能在相同工艺条件下近似达到 ARM7TDMI 的 2 倍。ARM9 系列微处理器在高性能和低功耗特性方面提供了最佳的性能。ARM9 系列微处理器具有以下特点:

- 5 级整数流水线,指令执行效率更高。
- 提供 1.1 MIPS/MHz 的哈佛结构。
- 支持 32 位 ARM 指令集和 16 位 Thumb 指令集。
- 支持 32 位的高速 AMBA 总线接口。
- 全性能的 MMU,支持 Windows CE、Linux 和 Palm OS 等多种主流嵌入式操作系统。
- MPU 支持实时操作系统。

● 支持数据 Cache 和指令 Cache，具有更高的指令和数据处理能力。

ARM9 系列微处理器包含 ARM920T、ARM922T 和 ARM940T 三种类型。

ARM920T 处理器是 ARM9 系列最经典的一款处理器，这里只以 ARM920T 为例介绍 ARM9 系列微处理器。ARM920T 处理器在 ARM9TDMI 处理器内核基础上，增加了分离式的指令 Cache 和数据 Cache，并带有相应的存储器管理单元 I-MMU 和 D-MMU、写缓冲器及 AMBA 接口等。

ARM9 系列微处理器主要应用于无线通信设备、仪器仪表、安全系统、机顶盒、高端打印机、数字照相机和数字摄像机等。典型产品如 Samsung 公司的 S3C2410A。

3. ARM9E 系列

ARM9E 系列微处理器为可综合处理器，使用单一的处理器内核提供了微控制器、DSP 和 Java 应用系统的解决方案，极大地减少了芯片的面积和系统的复杂程度。ARM9E 系列微处理器提供了增强的 DSP 处理能力，很适合于那些需要同时使用 DSP 和微控制器的应用场合。

ARM9E 系列微处理器的主要特点如下：

● 支持 DSP 指令集，适合于需要高速数字信号处理的场合。
● 5 级整数流水线，指令执行效率更高。
● 支持 32 位 ARM 指令集和 16 位 Thumb 指令集。
● 支持 32 位的高速 AMBA 总线接口。
● 支持 VFP9 浮点处理协处理器。
● 全性能的 MMU，支持 Windows CE、Linux 和 Palm OS 等多种主流嵌入式操作系统。
● MPU 支持实时操作系统。
● 支持数据 Cache 和指令 Cache，具有更高的指令和数据处理能力。

主频最高可达 300 MIPS。ARM9 系列微处理器主要应用于下一代无线设备、数字消费品、成像设备、工业控制、存储设备和网络设备等领域。ARM9E 系列微处理器包含 ARM926EJ-S、ARM946E-S 和 ARM966E-S 三种类型，以适用于不同的应用场合。

4. ARM10E 系列

ARM10E 系列微处理器具有高性能、低功耗的特点，由于采用了新的体系结构，与同等的 ARM9 系列微处理器相比较，在同样的时钟频率下，性能提高了近 50%。同时，ARM10E 系列微处理器采用了两种先进的节能方式，使其功耗极低。

ARM10E 系列微处理器的主要特点如下：

● 支持 DSP 指令集，适合于需要高速数字信号处理的场合。
● 6 级整数流水线，指令执行效率更高。
● 支持 32 位 ARM 指令集和 16 位 Thumb 指令集。
● 支持 32 位高速 AMBA 总线接口。
● 支持 VFP10 浮点处理协处理器。
● 全性能的 MMU，支持 Windows CE、Linux 和 Palm OS 等多种主流嵌入式操作系统。
● 支持数据 Cache 和指令 Cache，具有更高的指令和数据处理能力。
● 主频最高可达 400 MIPS。
● 内嵌并行读/写操作部件。

ARM10E 系列微处理器包含 ARM1020E、ARM1022E 和 ARM1026EJ-S 三种类型，适用

于不同的应用场合。

ARM10E 系列微处理器主要应用于下一代无线设备、数字消费品、成像设备工业控制、通信和信息系统等领域。

5．SecurCore 系列

SecurCore 系列微处理器专为安全需要而设计，提供了完善的 32 位 RISC 技术的安全解决方案，因此，SecurCore 系列微处理器除了具有 ARM 体系结构的低功耗、高性能的特点外，还具有其独特的优势，即提供了对安全解决方案的支持。

SecurCore 系列微处理器在系统安全方面具有如下的特点：

● 带有灵活的保护单元，以确保操作系统和应用数据的安全。
● 采用软内核技术，防止外部对其进行扫描探测。
● 可集成用户自己的安全特性和其他协处理器。

SecurCore 系列微处理器包含 SecurCore SC100、SecurCore SC110、SecurCore SC200 和 SecurCore SC210 四种类型，以适用于不同的应用场合。

SecurCore 系列微处理器主要应用于一些对安全性要求较高的应用产品及应用系统，如电子商务、电子政务、电子银行业务、网络和认证系统等领域。

6．Cortex 系列

Cortex 系列微处理器的内核采用哈佛体系结构，使用的指令集版本号是 ARMV7，是目前使用的 ARM 嵌入式处理器中指令集版本最高的一个系列。哈佛处理器架构采用了 Thumb-2 技术，该技术比 Thumb-1 的代码少使用 31%的内存，减小了系统开销，同时能够提供比已有的基于 Thumb 技术的解决方案高出 38%的性能。在保存状态的同时能从存储器中取出异常向量，实现更快速地进入 ISR。中断控制器的紧密式耦合接口，能够有效地处理迟来中断。采用末尾连锁（Tail-Chaining）中断技术，在两个中断之间没有多余的状态保存和恢复指令的情况下，可以处理背对背中断（Back-To-Back Interrupt）。

Cortex 系列微处理器分为 Cortex-A、Cortex-R 和 Cortex-M 三类，ARMV7 体系结构定义了三大分工明确的系列。

1）Cortex-A 系列。

Cortex-A 系列是针对日益增长的运行包括 Linux、Windows CE 操作系统在内的消费娱乐产品和无线产品设计的 ARM。Cortex-A 系列常作为全功能嵌入式计算机使用，因此芯片上需要运行 Android、Linux 或 Windows 等大型操作系统，需要使用特殊的方法进行程序编译和刻录。ARM Cortex-A 系列微处理器如图 2-4 所示。

图 2-4　ARM Cortex-A 系列微处理器

2）Cortex-R 系列。

Cortex-R 系列是体积最小的 ARM 微处理器，Cortex-R 微处理器针对高性能的实时应用，例如硬盘控制器、企业中的网络设备和打印机、消费电子设备以及汽车电子控制（例如安全气囊、制动系统和发动机管理等）。Cortex-R 系列在某些方面与高端微控制器（MCU）类似，但是，针对的是比通常使用标准 MCU 的系统还要大型的系统，例如，Cortex-R4 就非常适合汽车电子应用。

3）Cortex-M 系列。

Cortex-M 系列则面向微控制器领域，为那些对开发费用非常敏感同时对性能要求不断增加的嵌入式应用所设计的。

Cortex-M 系列作为具有特定功能的嵌入式微处理器而设计，其芯片上即可运行裸机程序，也可运行小型的嵌入式操作系统，但本质上都是一次性程序下载，因此 Cortex-M 系列单片机的程序需要在特定的集成开发环境上开发，经开发环境调试完成后通过仿真器将程序下载到处理器中。例如 Cortex-M3 处理器内核采用的是 ARMV7.M 体系结构。

这些新的 ARM Cortex 处理器系列都是基于 ARMV7 架构的产品，从尺寸和性能方面来看，既有少于 33000 个门电路的 ARM Cortex-M 系列，也有高性能的 ARM Cortex-A 系列。随着在各种不同领域应用需求的增加，微处理器市场也在趋于多样化。为了适应市场的发展变化，基于 ARMV7 架构的 ARM 处理器系列将不断拓展自己的应用领域。

2.1.4 ARM 版本的命名规则

2.1.4 ARM 版本的命名规则

从最初开发到现在，ARM 版本结构有了巨大的改进，并在不断完善和发展。这里提到的命名规则，分成两类：一类是基于 ARM 的版本命名规则；另一类是基于 ARM 版本的处理器系列命名规则。基于 ARM 的版本命名规则具体格式如下：

ARMv|n|variants|x（variants）|

该命名规则分成 4 个组成部分：

- **ARMv**——固定字符，即 ARM Version——指令集。
- **n**——版本号。
- **variants**——变种。
- **x（variants）**——排除 x 后指定的变种。

为了清楚地表达每个 ARM 应用实例所使用的指令集，ARM 公司定义了 8 种主要的 ARM 指令集体系结构版本，以版本号 V1～V8 表示，如表 2-1 所示。

表 2-1 ARM 核心版本及体系结构

ARM 核心	体系结构
ARM 1	V1
ARM 2	V2
ARM2As、ARM 3	V2A
ARM 6、ARM 600、ARM 610、A RIM 7、ARM 700、ARMM 710	V3
StrongARM、ARM 8、ARM 810	V4

ARM 核心	体系结构
ARM7TDMI、ARM710T、ARM720T、ARM740T、ARM9TDMI ARM920T、ARM940T	V5T
ARM9E-S、ARM10TDMMI、ARM1020E	V5TE
ARMM1136J(F) -S、ARM1176JZ(F) ·S、ARMM 11、MP Core	V6
ARM1156T 2(F)-S	V6T2
ARM Cortex-M 系列 ARM Cortex-R 系列 ARM Cortex-A 系列	V7

（1）ARM 版本 V1

该版体系结构只在原型机 ARM1 出现过，只有 26 位的寻址空间，没有用于商业产品。其基本性能有：基本的数据处理指令（无乘法）；基于字节、半字和字的 Load/Store 指令；转移指令，包括子程序调用及链接指令；供操作系统使用的软件中断指令 SWI；寻址空间为 64 MB。

（2）ARM 版本 V2

该版体系结构对 V1 版进行了扩展，例如 ARM2 和 ARM3（V2A）架构。包含了对 32 位乘法指令和协处理器指令的支持。版本 V2A 是版本 V2 的变种，ARM3 芯片采用了版本 2A 的，是第一片采用片上 Cache 的 ARM 处理器。同样是 26 位寻址空间，现在已经废弃不再使用。

版本 V2 体系结构与版本 V1 相比，增加了以下功能：乘法和乘加指令；支持协处理器操作指令；快速中断模式；SWP/SWPB 的最基本存储器与寄存器交换指令；寻址空间为 64 MB。

（3）ARM 版本 V3

ARM 作为独立的公司，在 1990 年设计的第一个微处理器采用的是版本 V3 的 ARM6。V3 版体系结构对 ARM 体系结构作了较大的改动，寻址空间增至 32 位（4 GB）；当前程序状态信息从原来的 R15 寄存器移到当前程序状态寄存器（Current Program Status Register，CPSR）中；增加了程序状态保存寄存器（Saved Program Status Register，SPSR）；增加了两种异常模式，使操作系统代码可方便地使用数据访问中止异常、指令预取中止异常和未定义指令异常；增加了 MRS/MSR 指令，以访问新增的 CPSR/SPSR 寄存器；增加了从异常处理返回的指令功能。

（4）ARM 版本 V4

V4 版体系结构在 V3 版上作了进一步扩充，V4 版体系结构是目前应用最广的 ARM 体系结构，ARM7、ARM8、ARM9 和 Strong ARM 都采用该体系结构。V4 不再强制要求与 26 位地址空间兼容，而且还明确了哪些指令会引起未定义指令异常。指令集中增加了以下功能：符号化和非符号化半字及符号化字节的存/取指令；增加了 T 变种，处理器可工作在 Thumb 状态，增加了 16 位 Thumb 指令集；完善了软件中断 SWI 指令的功能；处理器系统模式引进特权方式时使用用户寄存器操作；把一些未使用的指令空间捕获为未定义指令。

（5）ARM 版本 V5

V5 版体系结构是在 V4 版基础上增加了一些新的指令，ARM10 和 Xscale 都采用该版体系结构。这些新增命令有：带有链接和交换的转移 BLX 指令；计数前导零 CLZ 指令；BRK 中断指令；增加了数字信号处理指令（V5TE 版）；为协处理器增加更多可选择的指令；改进了 ARM/Thumb 状态之间的切换效率；E——增强型 DSP 指令集，包括全部算法操作和 16 位乘法操作；J——支持新的 Java，提供字节代码执行的硬件和优化软件加速功能。

（6）ARM 版本 V6

V6 版体系结构最初是在 ARM11 处理器中使用。在降低耗电量的同时，还强化了图形处理性能。通过追加有效进行多媒体处理的单指令多数据（Single Instruction Multiple Data，SIMD）功能，将语音及图像的处理功能提高到了原型机的 4 倍。

（7）ARM 版本 V7

V7 体系结构是在 ARMV6 的基础上诞生的。该体系结构采用了 Thumb-2 技术，它是在 ARM 的 Thumb 代码压缩技术的基础上发展起来的，并且保持了对现存 ARM 解决方案的完整的代码兼容性。ARMV7 体系结构还采用了 NEON 技术，将 DSP 和媒体处理能力提高了近 4 倍，并支持改良的浮点运算，满足下一代三维图形、游戏物理应用以及传统嵌入式控制应用的需求。

（8）ARM 版本 V8

V8 体系结构是在 32 位 ARM 体系结构上进行开发的，首先用于对扩展虚拟地址和 64 位数据处理技术有更高要求的产品领域，如企业应用、高档消费电子产品。ARMV8 体系结构包含两个执行状态：AArch64 和 AArch32。AArch64 执行状态针对 64 位处理技术，引入了一个全新指令集 A64；而 AArch32 执行状态将支持现有的 ARM 指令集。

2.2 ARM 嵌入式微处理器体系结构

ARM 体系结构支持的数据类型

2.2.1 ARM 体系结构的存储器格式

2.2.1 ARM 体系结构的存储器格式

在计算机中，内存可寻址的最小存储单位是字节。在内存中存储多字节数时存在字节顺序问题，即是高位字节在前，还是低位字节在前。不同的处理器采取的字节顺序可能不一样，Motorola 的 Power PC 系列 CPU 和 Intel 的 x86 系列 CPU 是两个不同字节顺序的典型代表。Power PC 系列中低地址存储最高有效字节，即所谓大端格式方式；x86 系列中低地址存储最低有效字节，即所谓小端格式方式。

图 2-5 更清楚地说明大端格式和小端格式的区别。对于一个十六进制 4 字节数 0x12345678，其最高有效字节是 0x12，最低有效字节是 0x78，存储的起始地址是 0。在大端格式存储方式中，最高有效字节是 0x12 存储在最低地址处；而小端格式存储方式里最低地址处存储的是最低有效字节 0x78。

字节地址	00	01	02	03
字节	0x12	0x34	0x56	0x78

a)

字节地址	00	01	02	03
字节	0x78	0x56	0x34	0x12

b)

图 2-5　不同字节顺序的多字节数存储方式

a) 大端格式字节顺序的字节存储方式　b) 小端格式字节顺序的字节存储方式

嵌入式系统开发中，字节顺序的差异可能带来软件的兼容性问题，需要特别注意。在很多嵌入式处理中，大端格式和小端格式两种模式都可以支持，只不过需要对处理器设置相应的工作模式。

2.2.2　ARM 体系结构的工作状态

2.2.2　ARM
体系结构的工
作状态

从编程的角度看，ARM 微处理器的工作状态一般有两种，并可在两种状态之间切换：第一种为 ARM 状态，此时处理器执行32 位的字对齐的 ARM 指令；第二种为 Thumb 状态，此时处理器执行 16 位的、半字对齐的Thumb 指令。

当 ARM 微处理器执行 32 位的 ARM 指令集时，工作在 ARM 状态；当 ARM 微处理器执行 16 位的 Thumb 指令集时，工作在 Thumb 状态。在程序的执行过程中，微处理器可以随时在两种工作状态之间切换，并且，处理器工作状态的转变并不影响处理器的工作模式和相应寄存器中的内容。

状态切换方法：ARM 指令集和 Thumb 指令集均有切换处理器状态的指令，并可在两种工作状态之间切换，但 ARM 微处理器在开始执行代码时，应该处于 ARM 状态。

进入 Thumb 状态：当操作数寄存器的状态位（位 0）为 1 时，可以采用执行 BX 指令的方法，使微处理器从 ARM 状态切换到 Thumb 状态。此外，当处理器处于 Thumb 状态时发生异常（如 IRQ、FIQ、Und、Abt、SWI 等），则异常处理返回时，自动切换到 Thumb状态。

进入 ARM 状态：当操作数寄存器的状态位为 0 时，执行 BX 指令时可以使微处理器从Thumb 状态切换到 ARM 状态。此外，在处理器进行异常处理时，把 PC 指针放入异常模式链接寄存器中，并从异常向量地址开始执行程序，也可以使处理器切换到 ARM 状态。

2.2.3　ARM 体系结构的运行模式

2.2.3　ARM
体系结构的运
行模式

ARM 体系结构支持的 7 种运行模式：

1）用户模式（Usr）：ARM 处理器正常的程序执行状态。

2）快速中断模式（Fiq）：用于高速数据传输或通道处理。

3）外部中断模式（Irq）：用于通用的中断处理。

4）管理模式（Svc）：操作系统使用的保护模式。

5）数据访问终止模式（Abt）：当数据或指令预取终止时进入该模式，可用于虚拟存储及存储保护。

6）系统模式（Sys）：运行具有特权的操作系统任务。

7）未定义指令中止模式（Und）：当未定义的指令执行时进入该模式，可用于支持硬件协处理器的软件仿真。

ARM 体系结构的运行模式在软件控制下可以改变模式，外部中断或异常处理也可以引起模式发生改变。大多数的应用程序运行在用户模式下，当处理器运行在用户模式下时，某些被保护的系统资源是不能被访问的。

除用户模式以外，其余的 6 种模式被称为非用户模式或特权模式（Privileged Modes）；除用户模式和系统模式以外的 5 种模式又被称为异常模式（Exception Modes），常用于处理中断或异常，以及需要访问受保护的系统资源等情况。

2.2.4 ARM 体系结构的寄存器

2.2.4 ARM 体系结构的寄存器

ARM 微处理器包括 31 个为通用寄存器和 6 个为状态寄存器共有 37 个 32 位寄存器。但是这些寄存器不能被同时访问，具体哪些寄存器是可编程访问的，取决微处理器的工作状态及具体的运行模式。但在任何时候，通用寄存器 R14～R0、程序计数器 PC、一个或两个状态寄存器都是可访问的。

1. ARM 状态下的寄存器组织

（1）通用寄存器

通用寄存器包括 R0～R15，可以分为 3 类：

● 未分组寄存器：R0～R7。

● 分组寄存器：R8～R14。

● 程序计数器：PC(R15)。

（2）未分组寄存器

在所有的运行模式下，未分组寄存器 R0～R7 都指向同一个物理寄存器，它们未被系统用作特殊的用途，因此，在中断或异常处理进行运行模式转换时，由于不同的处理器运行模式均使用相同的物理寄存器，可能会造成寄存器中数据的破坏，这一点在进行程序设计时应引起注意。

（3）分组寄存器

分组寄存器 R8～R14 每一次所访问的物理寄存器与处理器当前的运行模式有关。

对于 R8～R12 来说，每个寄存器对应两个不同的物理寄存器，当使用 fiq 模式时，访问寄存器 R8_fiq～R12_fiq；当使用除 fiq 模式以外的其他模式时，访问寄存器 R8_usr～R12_usr。

对于 R13 和 R14 来说，每个寄存器对应 6 个不同的物理寄存器，其中的 1 个是用户模式与系统模式共用，另外 5 个物理寄存器对应于其他 5 种不同的运行模式。

采用以下的记号来区分不同的物理寄存器：

```
R13_<mode>
R14_<mode>
```

其中，mode 为 usr、fiq、irq、svc、abt、und 几种模式之一。

寄存器 R13 在 ARM 指令中常用作堆栈指针，但这只是一种习惯用法，用户也可使用其他的寄存器作为堆栈指针。而在 Thumb 指令集中，某些指令的强制性要求可使 R13 作为堆栈指针。

由于处理器的每种运行模式均有自己独立的物理寄存器 R13，在应用程序的初始化部分一般都要初始化每种模式下的 R13，使其指向该运行模式的栈空间，这样，当程序的运行进入异常模式时，可以将需要保护的寄存器放入 R13 所指向的堆栈，而当程序从异常模式返回时，则从对应的堆栈中恢复，采用这种方式可以保证异常发生后程序的正常执行。

R14 也称作子程序连接寄存器（Subroutine Link Register）或连接寄存器 LR。当执行 BL 子程序调用指令时，R14 中得到 R15（程序计数器 PC）的备份。其他情况下，R14 用作通用寄存器。与之类似，当发生中断或异常时，对应的分组寄存器 R14_svc、R14_irq、R14_fiq、R14_abt 和 R14_und 用来保存 R15 的返回值。

21

在每一种运行模式下，都可用 R14 保存子程序的返回地址，当用 BL 或 BLX 指令调用子程序时，将 PC 的当前值复制给 R14，执行完子程序后，又将 R14 的值复制回 PC，即完成子程序的调用返回。R14 也可作为通用寄存器。

（4）程序计数器 PC(R15)

寄存器 R15 用作程序计数器（PC）。在 ARM 状态下，位[1:0]为 0，位[31:2]用于保存 PC；在 Thumb 状态下，位[0]为 0，位[31:1]用于保存 PC；虽然可以用作通用寄存器，但是有一些指令在使用 R15 时有一些特殊限制，若不注意，执行的结果将是不可预料的。在 ARM 状态下，PC 的 0 位和 1 位都是 0，在 Thumb 状态下，PC 的 0 位是 0。

因为对 R15 的使用有一些特殊的限制，所以一般不用 R15 虽然作通用寄存器。当违反这些限制时，程序的执行结果是未知的。

由于 ARM 体系结构采用了多级流水线技术，对于 ARM 指令集而言，PC 总是指向当前指令的下两条指令的地址，即 PC 的值为当前指令的地址值加 8 字节。在 ARM 状态下，任一时刻可以访问以上所讨论的 16 个通用寄存器和一到两个状态寄存器。在非用户模式（特权模式）下，则可访问到特定模式分组寄存器，图 2-6 说明在每一种运行模式下，哪一些寄存器是可以访问的。（注：图中带小三角的图框表示特殊寄存器。）

System & User	FIQ	Supervisor	Abt	IRQ	Und
R0	R0	R0	R0	R0	R0
R1	R1	R1	R1	R1	R1
R2	R2	R2	R2	R2	R2
R3	R3	R3	R3	R3	R3
R4	R4	R4	R4	R4	R4
R5	R5	R5	R5	R5	R5
R6	R6	R6	R6	R6	R6
R7	R7	R7	R7	R7	R7
R8	R8_fiq	R8	R8	R8	R8
R9	R9_fiq	R9	R9	R9	R9
R10	R10_fiq	R10	R10	R10	R10
R11	R11_fiq	R11	R11	R11	R11
R12	R12_fiq	R12	R12	R12	R12
R13	R13_fiq	R13_svc	R13_abt	R13_irq	R13_und
R14	R14_fiq	R14_svc	R14_abt	R14_irq	R14_und
R15(PC)	R15(PC)	R15(PC)	R15(PC)	R15(PC)	R15(PC)
CPSR	CPSR	CPSR	CPSR	CPSR	CPSR
	SPSR_fiq	SPSR_svc	SPSR_abt	SPSR_irq	SPSR_und

图 2-6 ARM 状态下的寄存器组织结构

（5）寄存器 R16

寄存器 R16 用作当前程序状态寄存器（Current Program Status Register，CPSR），CPSR 可在任何运行模式下被访问，它包括条件标志位、中断禁止位、当前处理器模式标志位，以及其他一些相关的控制和状态位。

每一种运行模式下又都有一个专用的物理状态寄存器，称为备份的程序状态寄存器（Saved Program Status Register，SPSR），当异常发生时，SPSR 用于保存 CPSR 的当前值，从异常退出时则可由 SPSR 来恢复 CPSR。

由于用户模式和系统模式不属于异常模式，它们没有 SPSR，当在这两种模式下访问 SPSR，结果是未知的。

2．Thumb 状态下的寄存器集

Thumb 状态寄存器是 ARM 状态寄存器的一个子集。程序员可以直接操作 8 个通用寄存器 R0～R7，同样可以这样操作程序计数器（PC）、堆栈指针寄存器（SP）、链接寄存器（LR）和 CPSR。它们都是各个特权模式下的私有寄存器，如图 2-7 所示。

Thumb 状态下的寄存器集

System & User	FIQ	Supervisor	Abt	IRQ	Und
R0	R0	R0	R0	R0	R0
R1	R1	R1	R1	R1	R1
R2	R2	R2	R2	R2	R2
R3	R3	R3	R3	R3	R3
R4	R4	R4	R4	R4	R4
R5	R5	R5	R5	R5	R5
R6	R6	R6	R6	R6	R6
R7	R7	R7	R7	R7	R7
SP	SP_fiq	SP_svc	SP_abt	SP_und	SP_fiq
LR	LR_fiq	LR_svc	LR_abt	LR_und	LR_fiq
PC	PC	PC	PC	PC	PC

CPSR	CPSR	CPSR	CPSR	CPSR	CPSR
	SPSR_fiq	SPSR_svc	SPSR_abt	SPSR_irq	SPSR_und

图 2-7　Thumb 状态下的寄存器组织结构

3．ARM 状态和 Thumb 状态寄存器间的关系

图 2-8 显示了 ARM 状态和 Thumb 状态寄存器之间的关系：

ARM 状态和 Thumb 状态寄存器间的关系

1）Thumb 状态的 R0～R7 和 ARM 状态的 R0～R7 是等同的。

2）Thumb 状态的 CPSR、SPSR 与 ARM 状态的 CPSR 和 SPSR 是等同的。

3）Thumb 状态的 SP 映射在 ARM 状态的 R13 上。

4）Thumb 状态的 LR 映射在 ARM 状态的 R14 上。

5）Thumb 状态的程序计数器映射在 ARM 状态的程序计数器（R15）上。

在 Thumb 状态下，寄存器 R8～R15（高地址寄存器）不是标准寄存器集。但是，汇编语言的程序员可以访问它们并用它们进行快速暂存。

向 R8～R15 写入或读出数据，可以采用 MOV 指令的某个变形。从某个低寄存器（R0～R7）传送数据到高地址寄存器（R8～R15），或者从高地址寄存器传送到低地址寄存器，可以采用 CMP 和 ADD 指令，将高地址寄存器的值与低地址寄存器的值进行比较或相加。

4．程序状态寄存器

ARM 体系结构包含一个当前程序状态寄存器（CPSR）和 5 个备份的程序状态寄存器（SPSR）。备份的程序状态寄存器用来进行异常处理，这些寄存器的功能包括：

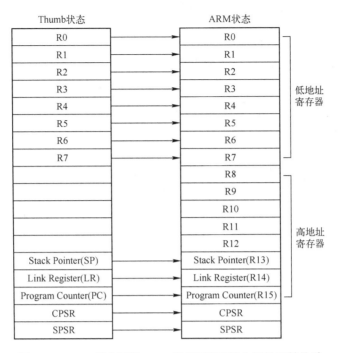

图 2-8　Thumb 状态下和 ARM 状态下寄存器之间的映射关系

Stack Pointer：堆栈指针；Link Register：链接寄存器；Program Counter：程序计数器。

1）保存 ALU 当前操作的有关信息。

2）控制中断的允许和禁止。

3）设置处理器的运行模式。

程序状态寄存器（CPSR）的位定义如图 2-9 所示。

程序状态寄存器

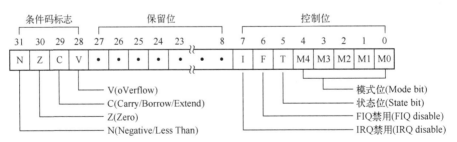

图 2-9　程序状态寄存器的位定义

（1）条件码标志

N、Z、C、V 均为条件码标志位。它们的内容根据算术或逻辑运算的结果而改变，并且可用作一些指令是否运行的检测条件。

在 ARM 状态下，绝大多数的指令都是有条件执行的；在 Thumb 状态下，仅有分支指令是有条件执行的。

条件码标志的具体含义如表 2-2 所示。

表 2-2　条件码标志的具体含义

标志位	含　义
N	当用两个补码表示的带符号数进行运算时，N=1 表示运算的结果为负数；N=0 表示运算的结果为正数或零
Z	Z=1 表示运算的结果为零；Z=0 表示运算的结果为非零
C	可以有 4 种方法设置 C 的值： ① 加法运算（包括比较指令 CMN）：当运算结果产生了进位时（无符号数溢出），C=1，否则 C=0。 ② 减法运算（包括比较指令 CMP）：当运算时产生了借位（无符号数溢出），C=0，否则 C=1。 ③ 对于包含移位操作的非加/减运算指令，C 为移出值的最后一位。 ④ 对于其他的非加/减运算指令，C 的值通常不改变
V	可以有两种方法设置 V 的值： ① 对于加/减法运算指令，当操作数和运算结果为二进制的补码表示的带符号数时，V=1 表示符号位溢出。 ② 对于其他的非加/减运算指令，C 的值通常不改变
Q	在 ARMv5 及以上版本的 E 系列处理器中，用 Q 标志位指示增强的 DSP 运算指令是否发生了溢出。 在其他版本的处理器中，Q 标志位无定义

（2）控制位

CPSR 的低 8 位（包括 I、F、T 和 M[4:0]）称为控制位，当发生异常时这些位会被改变，如果处理器在特权模式下运行，这些位也可以由程序修改。

1）T 标记位。该位反映处理器的运行状态。该位被设置为 1 时，处理器执行在 THUMB 状态，否则执行在 ARM 状态。这些由外部信号 TBIT 反映出来。注意软件绝不能改变 CPSR 的 TBIT 状态。如果这样做，处理器将会进入一种不可预知的状态。

2）IF 中断禁止位。当它们被置 1 时，可以相应地禁止 IRQ 和 FIQ 中断。

3）运行模式位。M4、M3、M2、M1 和 M0 位（M[4:0]）是模式位，它们决定了处理器的操作模式，如表 2-3 所示。

表 2-3　CPSR 模式位 M[4：0]的值

M[4：0]	处理器模式	可访问的寄存器
0b10000	用户模式	PC，CPSR，R0～R14
0b10001	FIQ 模式	PC，CPSR，SPSR_fiq，R14_fiq-R8_fiq，R7～R0
0b10010	IRQ 模式	PC，CPSR，SPSR_irq，R14_irq，R13_irq，R12～R0
0b10011	管理模式	PC，CPSR，SPSR_svc，R14_svc，R13_svc，R12～R0
0b10111	中止模式	PC，CPSR，SPSR_abt，R14_abt，R13_abt，R12～R0
0b11011	未定义模式	PC，CPSR，SPSR_und，R14_und，R13_und，R12～R0
0b11111	系统模式	PC，CPSR（ARMv4 及以上版本），R14～R0

由表 2-3 可知，并不是所有的组合都决定一个有效的处理器模式，只有那些明确定义的值才能被采用，其他的组合可能会导致处理器进入一个不可恢复的状态。

（3）保留位

CPSR 中的其余位为保留位，当改变 CPSR 中的条件码标志位或者控制位时，必须确保保留位不被改变，在程序中也不要使用保留位来存储数据值。

2.3　ARM 的异常处理

2.3　ARM 的异常处理

当正常的程序执行流程被临时中断时，称为产生了异常。例如程序执行过程中转向一个外设的中断请求。在异常能被处理前，当前处理器的状态必须被保留，这样在处理程序完成后就能恢复原始的程序。

2.3.1　ARM 体系支持的异常类型

1. IRQ

外部中断请求（IRQ）异常是由 nIRQ 输入低电平引发的普通中断。IRQ 相对 FIQ 来说是优先级低，当一个 FIQ 序列进入时它将被屏蔽。IRQ 也可以通过设置 CPRS 中的"I"标志来禁止，同样也不能够在用户模式中这样做（只能在特权模式下这样做）。

无论 IRQ 发生在 ARM 状态或者 Thumb 状态下，都可以采用以下语句来退出中断处理：

```
SUBS    PC, R14_irq, #4
```

2. FIQ

快速中断请求（FIQ）异常通常是用来支持数据传输和通道操作的，在 ARM 状态下，它具有充足的私有寄存器，用来减少寄存器存取的需要（从而减少进入中断前的"上下文切换"的工作）。

FIQ 是由外部设备通过拉低 nFIQ 引脚触发的。通过对 ISYNC 输入引脚的控制 nFIQ 可以区别同步或异步的传输情况。当 ISYNC 为低电平，nFIQ 和 nIRQ 将被认为是异步的，中断之前产生同步周期延长会影响处理器的流程。不管是 ARM 状态还是 Thumb 状态下的异常，FIQ 处理程序都可以通过执行以下的语句来退出中断处理：

```
SUBS    PC, R14_fiq, #4
```

通过设置 CPSR 的 F 标记位可以禁止 FIQ 中断（但是要注意到在用户模式下是不可行的）。如果 F 标记位已经清除，ARM920T 在每个指令的最后检测来自 FIQ 中断同步器的低电输出。

3. 异常中止

异常中止表示当前存储访问不能完成。通过外部的中止（abort）输入信号来告知内核。ARM920T 在每次的存储操作中检测该异常是否发生。异常中止分两种类型：预取指异常中断（指令预取时产生）和数据异常中断（数据访问时产生）。

如果产生预取指中止，所取得的指令将会被标志为无效，但是异常不会立即发生，要直到取指令到达了管道的头部才会发生。如果这些指令不执行——例如在管道内发生了分支跳转，那么异常就不会发生了。

如果产生数据异常中止，则根据指令类型进行操作：

1）简单数据传输指令（LDM，STR）写回改变的基址[变址]寄存器：异常中断处理器必须清楚这些。

2）取消交换指令尽管它还没执行。

3）数据块传输指令（LDM，STM）完成。如果设置为写回，基址已经校正。如果指令超出了数据的写基址（传输目录中有它的基址），就应该防止写超出。在中止异常将发生时，所有寄存器的覆盖写入都是禁止的。这意味着特别是 R15（经常是最后一个改变的寄存器）的值将在中止的 LDM 指令中保留下来。

中止机制使得页面虚拟存储器机制得以实现。在采用虚拟存储器的系统中，处理器可以产生任意的地址。当某个地址的数据无效，存储器管理单元（MMU）将产生一个中止。这样中止的处理程序就必须找出异常中断的原因，使要求的数据可用，并重试被中止的指令。应用程序也既不需要了解实际可用存储空间的大小，也不需要了解异常中断对它的影响。

在完成了异常中断的处理后，通过以下语句退出中断处理（与是 ARM 状态还是 Thumb 状态无关）：

SUBS	PC，R14_abt，#4；	预取指 abort
SUBS	PC，R14_abt，#8；	数据 abort

通过执行该语句，就恢复了 PC 和 CPSR，并重试被中断的指令。

4. 软件中断

SWI（软件中断指令）用来进入超级用户模式，通常用于请求特殊的超级用户功能。SWI 的处理程序通过执行以下语句，退出异常处理（ARM 状态或 Thumb 状态）：

MOV	PC，R14_svc

通过执行该语句，就恢复了 PC 和 CPRS，并返回到 SWI 后面的指令上。注意：前面提到的 nFIQ、nIRQ、ISYNC、LOCK、BIGEND 和 ABORT 引脚只存在于 ARM 的 CPU 内核上。

5. 未定义指令

当 ARM 遇到一个它不能执行的指令，将产生一个未定义指令陷阱。这个机制是软件仿真器用来扩展 Thumb 和 ARM 指令集的。

在完成对未知指令的处理后，陷阱处理程序执行以下的语句退出异常处理（无论是 ARM 状态还是 Thumb 状态）：

MOVS	PC，R14_und

通过执行该语句，恢复了 CPSR，并返回执行未定义指令的下一条指令。

ARM 体系结构所支持的异常及具体含义如表 2-4 所示。

表 2-4 ARM 体系结构所支持的异常

异常类型	具体含义
复位	当处理器的复位电平有效时，产生复位异常，程序跳转到复位异常处理程序处执行
未定义指令	当 ARM 处理器或协处理器遇到不能处理的指令时，产生未定义指令异常。使用该异常机制可进行软件仿真
软件中断	该异常由执行 SWI 指令产生，可用于用户模式下的程序调用特权操作指令。使用该异常机制可实现系统功能调用
指令预取中止	若处理器预取指令的地址不存在，或该地址不允许当前指令访问，存储器会向处理器发出中止信号，但当预取的指令被执行时，才会产生指令预取中止异常
数据中止	若处理器数据访问指令的地址不存在，或该地址不允许当前指令访问时，产生数据中止异常
IRQ	当处理器的外部中断请求引脚有效，且 CPSR 中的 I 位为 0 时，产生 IRQ 异常。系统的外设可通过该异常请求中断服务
FIQ	当处理器的快速中断请求引脚有效，且 CPSR 中的 F 位为 0 时，产生 FIQ 异常

2.3.2 ARM 的异常中断

（1）异常中断向量

异常中断的向量地址如表 2-5 所示。

表 2-5 异常中断的向量地址

地址	异常	进入的模式
0x00000000	复位	管理
0x00000004	未定义指令	未定义
0x00000008	软件中断	管理
0x0000000C	预取中止	中止
0x00000010	数据中止	中止
0x00000014	预留	预留
0x00000018	IRQ	IRQ
0x0000001C	RIQ	RIQ

（2）异常中断优先级

当多个异常中断同时发生时，处理器根据一个固定的优先级系统来决定处理它们的顺序。异常中断优先级如表 2-6 所示。

表 2-6 异常中断优先级

类型	级别
复位	1（最高）
数据中止	2
FIQ	3
IRQ	4
预取中止	5
未定义指令，软件中断	6（最低）

注意，并非所有的异常中断都会同时发生：未定义指令和软件中断是相互排斥的，因为它们都对应于当前指令的唯一的（非重叠的）解码结果。如果一个数据中止和 FIQ 中断同时发生了，并且此时的 FIQ 中断是使能的，则 ARM920T 先进入到数据中止处理程序，然后立即进入 FIQ 向量。

从 FIQ 正常返回后，数据中止的处理程序才恢复执行。将数据中止设计为比 FIQ 拥有更高的优先级，可以确保传输错误不能逃避检测。在这种情况下进入 FIQ 异常处理的时间延长了，因为这一时间必须考虑 FIQ 中断最长反应时间。

（3）中断反应时间

最坏的情况下 FIQ 中断的反应时间：假设它是使能的，包括通过同步器最长请求时间（如果是异步则是 Tsyncmax），加上最长的指令执行时间（Tldm，LDM 指令用于载入所有的寄存器，因此需要最长的执行时间），加上数据中止进入时间（Tcxc），加上进入 FIQ 处理所需要的时间（Tfiq）。

最后，ARM920T 会执行位于 0x1C 的指令。Tsyncmax 是 3 个处理周期，Tldm 是 20 个

处理周期，Texc 是 3 个处理周期，TfiQ 是 2 个处理周期总计 28 个处理周期。在一个 20 MHz 的处理时钟系统中，它使用的时间超过 1.4μs。最长的 IRQ 反应时间的计算方法类似，但是必须考虑到更高级的 FIQ 中断可以推迟任意长时间进入 IRQ 中断处理。最小的 FIQ 或 IRQ 的反应时间包括通过同步器的时间 Tsyncmax 加上 Tfiq，是 4 个处理周期。

（4）复位

当 nRESET 信号为低，ARM920T 放弃任何指令的执行，并从增加的字地址处取指令。

当 nRESET 信号变高时，ARM920T 进行如下操作：

1）将当前的 PC 值和 CPSR 值写入 R14_svc 和 SPSR_svc。已保存的 PC 和 SPSR 的值是未知的。

2）强制 M[4:0]为 10011（超级用户模式），将 CPSR 中的"I"和"F"位设为 1，并将 T 位清零。

3）强制 PC 从 0x00 地址取得下一条指令。

4）恢复为 ARM 状态开始执行。

2.3.3　ARM 的异常响应

2.3.3　ARM 的异常响应

当一个异常发生时，ARM920T 将进行以下步骤：

1）将下一条指令的地址保存到相应的连接寄存器 LR 中。如果异常是从 ARM 状态进入的，下一条指令的地址（根据异常的类型，数值为当前 PC+4 或 PC+8）复制到 Link 寄存器。如果异常是从 THUMB 状态进入，那么写入到 Link 寄存器的值是当前的 PC 偏移一个值。这表示异常处理程序不需要关心是从哪种状态进入异常的。例如，在软件中断异常 SWI 情况下，无论是来自什么状态，处理程序只要采用"MOVS PC,R14_svc"语句，总可以返回到原始程序的下一条语句，不管 SWI 是在 ARM 状态执行，还是在 Thumb 状态执行。

2）复制 CPSR 到相应的 SPSR。

3）根据异常类型，强制改变 CPRS 模式位的值。

4）强制 PC 从相关的异常向量地址取下一条指令执行，从而跳转到相应的异常处理程序处。

2.3.3　ARM 的异常响应（动画演示）

如果异常发生时，处理器处于 Thumb 状态，则当异常向量地址加载入 PC 时，处理器自动切换到 ARM 状态。

ARM 微处理器对异常的响应过程用伪码可以描述为：

```
R14_<Exception_Mode> = Return Link
SPSR_<Exception_Mode> = CPSR
CPSR[4:0] = Exception Mode Number
CPSR[5] = 0                           ；当运行于 ARM 工作状态时
If <Exception_Mode> == Reset or FIQ then   ；当响应 FIQ 异常时，禁止新的 FIQ 异常
CPSR [6] = 1
CPSR [7] = 1
PC = Exception Vector Address
```

2.3.4　ARM 的异常返回

2.3.4　ARM 的异常返回

当完成异常处理时，会执行以下几步操作从异常返回：

1）将 Link 寄存器减去相应的偏移量，赋给 PC（偏移量的值由异常的类型决定）。

2）复制回 SPSR 到 CPSR。

3）若在进入异常处理时设置了中断禁止位，则要在此清除。

2.3.4 ARM 的异常返回（动画演示）

可以认为应用程序总是从复位异常处理程序开始执行的，因此复位异常处理程序不需要返回。

 本章小结

本章对 ARM 嵌入式微处理器的特点、ARM 体系结构以及 ARM 的异常处理等基本概念做了系统的阐述，重点突出 ARM 体系结构的工作模式和寄存器组织，是后续嵌入式系统软硬件开发的基础。

 思考与习题

1．列举目前常用的 ARM 微处理器的型号及功能特点。

2．ARM 体系结构版本的命名规则有哪些？简单说明 ARM7TDMI 的含义。

3．比较 ARM9 与 ARM7 处理器的性能特点，试说明它们有何异同。

4．ARM 微处理器有哪几种运行模式？其中哪些是特权模式，哪些又是异常模式？

5．ARM 体系结构的存储器格式有哪几种？

6．ARM 状态下和 Thumb 状态下寄存器的组织有何不同？

7．简述 CPSR 各状态位的作用，并说明如何对其进行操作，以改变各状态位。

8．ARM 体系结构所支持的异常类型有哪些？具体描述各类异常，在应用程序中应该如何处理？

第3章 嵌入式操作系统

本章首先介绍了嵌入式最小系统的概念，随后介绍了嵌入式操作系统概念、性能管理，最后介绍了常用的嵌入式操作系统 Linux 与 Android 的特点、版本和架构。

3.1 嵌入式操作系统简介

3.1.1 嵌入式最小系统

一个嵌入式处理器自己是不能独立工作的，必须给它供电、加上时钟信号、提供复位信号，如果芯片没有片内程序存储器，则还要加上存储器系统，然后嵌入式处理器芯片才可能工作。这些提供嵌入式处理器运行所必须的条件的电路与嵌入式处理器共同构成了这个嵌入式处理器的最小系统。而大多数基于 ARM7 处理器核的微控制器都有调试接口，这部分在芯片实际工作时不是必需的，但因为这部分在开发时很重要，所以把这部分也归入最小系统中。嵌入式最小系统框图如图 3-1 所示。

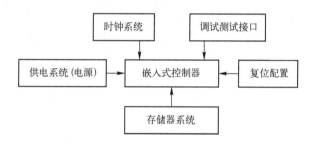

图 3-1　嵌入式最小系统框图

3.1.2 嵌入式操作系统概念

操作系统是管理和控制计算机硬件与软件资源的计算机程序，是直接运行在"裸机"上的最基本的系统软件，任何其他软件都必须在操作系统的支持下才能运行。嵌入式操作系统（Embedded Operating System，EOS）也是操作系统的一类，具有其基本功能，也具有特殊性。操作系统是计算机中最基本的程序，负责计算机系统中全部软硬资源的分配与回收、控制与协调等并发的活动；操作系统提供用户接口，使用户获得良好的工作环境；操作系统为用户扩展新的系统功能提供软件平台。根据操作系统的任务不同，嵌入式操作系统的分类如图 3-2 所示。

在嵌入式操作系统环境下，对复杂的操作系统进行有效管理通常可以按照软件工程的思想，将整个程序分解为多个任务模块，每个任务模块的调试、修改几乎不影响其他模块。利用商业软件提供的多任务调试环境，可大大提高系统软件的开发效率，降低开发成本，缩短开发周期。在应用软件开发时程序员不是直接面对嵌入式硬件设备，而是采用一些嵌入式软件开发环境，在操作系统的基础上编写程序。

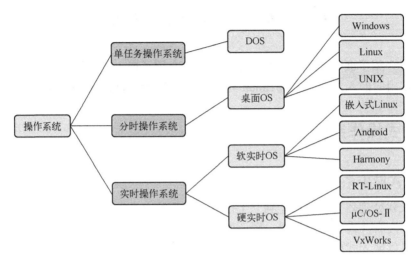

图 3-2　嵌入式操作系统分类

嵌入式操作系统本身是可以剪裁的，嵌入式系统外部设备、相关应用也可以进行单独配置，所开发的应用软件可以在不同的应用环境、不同的处理器芯片之间移植，软件构件可复用，有利于系统的扩展和移植。嵌入式操作系统相对于一般操作系统而言，仅指操作系统的内核（或者微内核），其他的诸如窗口系统界面或是通信协议等模块，可以另外选择。目前，要求大多数的嵌入式操作系统必须提供以下管理功能：

（1）多任务管理

所有的嵌入式操作系统都是多任务的。目前所说的多任务大多是指多线程方式或多进程方式，操作系统主要是提供调度机制来控制这些执行程序的起始、执行、暂停和结束。

（2）存储管理

在系统资源非常有限的嵌入式系统中一般不采用虚拟内存管理，而采用动态内存管理方式。当程序的某一部分需要使用内存时，利用操作系统提供的分配函数来处理，一旦使用完毕，可以通过释放函数来释放所占用的内存，使内存可以重复使用。

（3）周边资源管理

在嵌入式系统中，除中央处理器、内存之外，还有许多不同的周边系统，如输入/输出设备、通信端口等，操作系统必须提供周边资源的驱动程序，以方便资源管理和应用程序使用。对于应用程序来说，则必须向操作系统注册一个请求机制，然后等待操作系统将资源安排给应用程序。

（4）中断管理

由于查询方式需要占用大量的 CPU 时间，因此嵌入式操作系统和一般操作系统一样，一般都是用中断方式来处理外部事件和 I/O 请求的。中断管理负责中断的初始化安装、现场的保存和恢复、中断栈的嵌套管理等。

3.1.3 嵌入式操作系统性能管理

3.1.3 嵌入式
操作系统性能
管理

1．实时操作系统（RTOS）

实时操作系统是一段在嵌入式系统启动后首先执行的背景程序，用户的应用程序是运行于 RTOS 之上的各个任务，RTOS 根据各个任务的要求，进行资源（包括存储器、外设等）管理、消息管理、任务调度、异常处理等工作。在 RTOS 支持的系统中，每个任务均有一个优先级，RTOS 根据各个任务的优先级，动态地切换各个任务，保证对实时性的要求。工程师在编写程序时，可以分别编写各个任务，不必同时将所有任务运行的各种可能情况记在心中，大大减小了程序编写的工作量，而且减小了出错的可能，保证最终程序具有高可靠性。

实时多任务操作系统，以分时方式运行多个任务，看上去好像是多个任务"同时"运行。任务之间的切换以优先级为根据，只有优先服务方式的 RTOS 才是真正的实时操作系统，时间分片方式和协作方式的 RTOS 并不是真正的"实时"。

2．共享资源

程序运行时可使用的软、硬件环境统称为资源。资源可以是输入/输出设备，例如打印机、键盘、显示器。资源也可以是一个变量、一个结构或一个数组等。

可以被两个及以上任务使用的资源叫作共享资源。为了防止数据被破坏，每个任务在与共享资源打交道时，必须独占该资源，这叫作互斥。至于在技术上如何保证互斥条件，本章会做进一步讨论。

3．任务

一个任务，也称作一个线程，是一个简单的程序，该程序可以认为 CPU 完全属于该程序自己。实时应用程序的设计过程，包括如何把问题分割成多个任务，每个任务都是整个应用的某一部分，每个任务被赋予一定的优先级，有其自己的一套 CPU 寄存器和栈空间。

4．任务切换

当多任务内核决定运行另外的任务时，它保存正在运行任务的当前状态，即 CPU 寄存器中的全部内容。这些内容保存在任务的当前状态保存区，也就是任务在自己的栈区之中。入栈工作完成以后，就把下一个将要运行的任务的当前状态从任务的栈中重新装入 CPU 的寄存器，并开始下一个任务的运行，这个过程就称为任务切换。这个过程增加了应用程序的额外负荷。CPU 的内部寄存器越多，额外负荷就越重。任务切换所需要的时间取决于 CPU 有多少寄存器要入栈。实时内核的性能不应该以每秒钟能做多少次任务切换来评价。

内核多任务系统中，内核负责管理各个任务，或者说为每个任务分配 CPU 时间，并且负责任务之间的通信。内核提供的基本服务是任务切换。之所以使用实时内核可以大大简化应用系统的设计，是因为实时内核允许将应用分成若干个任务，由实时内核来管理它们。内核本身也增加了应用程序的额外负荷。代码空间增加 ROM 的用量，内核本身的数据结构增加 RAM 的用量，但更主要的是，每个任务要有自己的栈空间，该空间占用内存较大。内核本身对 CPU 的占用时间一般在 2%～5%。

通过提供必不可少的系统服务，诸如信号量管理、消息队列、延时等，实时内核使得 CPU 的利用更为有效。

5．调度与多任务机制

调度是内核的主要职责之一，决定该轮到哪个任务运行。多数实时内核是基于优先级调度法的。每个任务根据其重要程序的不同被赋予一定的优先级。基于优先级的调度法指 CPU 总是让处在就绪态的优先级最高的任务先运行。然而究竟何时让高优先级任务掌握 CPU 的使用权，有两种不同的情况：非占先式的内核和占先式内核。

6. 非占先式内核

非占先式内核要求每个任务自我放弃 CPU 的所有权。非占先式调度法也称作合作型多任务，各个任务彼此合作共享一个 CPU。异步事件还是由中断服务来处理。中断服务可以使一个高优先级的任务由挂起状态变为就绪状态。但中断服务以后控制权还是回到原来相应被中断的任务，直到该任务主动放弃 CPU 的使用权时，高优先级的任务才能获得 CPU 的使用权。

7. 占先式内核

当系统响应时间很重要时，要使用占先式内核。市场上绝大多数的实时内核都是占先式内核。最高优先级的任务一旦就绪，总能得到 CPU 的控制权。一个比当前正运行任务的优先级高的任务进入了就绪状态，当前任务的 CPU 使用权则被剥夺，或者说被挂起，高优先级的任务立刻得到了 CPU 的控制权。如果是中断服务子程序使一个高优先级的任务进入就绪态，中断完成时，中断的任务被挂起，优先级高的那个任务开始运行。

8. 任务优先级

任务的优先级是表示任务被调度的优先程度。每个任务都具有优先级。任务越重要，赋予的优先级应越高，越容易被调度而进入运行状态。

9. 中断

中断是一种硬件机制，用于通知 CPU 有异常事件发生。中断一旦被识别，CPU 保存部分或全部上下文（即部分或全部寄存器的值），跳转到专门的子程序，称为中断服务子程序（ISR）。中断服务子程序进行事件处理，处理完成后，程序回到后台：

1）在前后台系统中，程序回到后台程序。

2）对非占先式内核而言，程序回到被中断的任务。

3）对占先式内核而言，让进入就绪态的优先级最高的任务开始运行。

10. 进程和线程

进程是可并发执行的、具有独立功能的程序在一个数据集合上的运行过程，是操作系统进行资源分配和保护的基本单位；进程是操作系统结构的基础；进程是一个正在执行的程序，也是计算机正在运行的程序实例。它可以是分配给处理器并用处理器执行的一个实体，也可以是单一顺序的执行显示，还可以是一个当前状态和一组相关的系统资源所描述的活动单元。

线程，是一个简单的程序。实时应用程序的设计过程，包括如何把问题分割成多个任务，每个任务都是整个应用的某一部分，每个任务被赋予一定的优先级，有它自己的一套 CPU 寄存器和自己的栈空间。

3.2　常用的嵌入式操作系统

嵌入式操作系统是操作系统研究领域中的一个重要分支，有许多公司在从事相关方面的研究，并开发出了数以百计的各具特色的嵌入式操作系统产品，其中比较有影响的系统有嵌入式 Linux、嵌入式 Android、Windows CE、VxWorks、uC/OS-II 等。国产的开源嵌入式操作系统有 RT-Thread 等。

3.2.1 嵌入式 Linux 操作系统

3.2.1 嵌入式 Linux 操作系统

1. 嵌入式 Linux 操作系统简介

嵌入式 Linux 是将日益流行的 Linux 操作系统进行裁剪、修改，使之能在嵌入式计算机系统上运行的一种操作系统。嵌入式 Linux 既继承了 Internet 上无限的开放源代码资源，又具有嵌入式操作系统的特性。嵌入式 Linux 的版权是免费的，由全世界的自由软件开发者提供支持，而且性能优异，软件移植容易，代码开放，有许多应用软件支持，应用产品开发周期短，新产品上市迅速，因为有许多公开的代码可以参考和移植，有实时性能 RT_Linux、Hardhat Linux 等嵌入式 Linux 支持，实时性能稳定性好，安全性好。

Linux 操作系统的性能特点使得它成为一个适合于嵌入式开发和应用的操作系统，它能方便地应用于智能手机、智能监控、机顶盒以及工业控制等智能信息产品中。目前，在嵌入式行业的 Linux 操作系统越来越受到各种商家的青睐。在所有的操作系统中，嵌入式 Linux 操作系统是一个发展最快，应用最为广泛的操作系统，嵌入式 Linux 本身的种种特性也使其成为嵌入式开发的首选。

2. Linux 操作系统版本

Linux 的发行版本众多，拥有数量庞大的用户，如优秀社区技术支持的 Fedora，优秀易用桌面环境的 Ubuntu，优秀的硬件检测和适配能力的 Knoppix 等。内核是 Linux 操作系统的最重要的部分，Linux 内核开发经过了 20 多年的时间，其架构已经十分稳定。Linux 内核的编号采用如下形式：

> 主版本号.次版本号.主补丁号.次补丁号

例如 2.6.34.14 各数字的含义如下：

第 1 个数字（2）是主版本号，表示第 2 大版本。

第 2 个数字（6）是次版本号，有两个含义：既表示是 Linux 内核大版本的第 6 个小版本，同时因为 6 是偶数表示为发布版本（奇数表示测试版）。

第 3 个数字（34）是主版本补丁号，表示指定小版本的第 34 个补丁包。

第 4 个数字（14）是次版本补丁号，表示次补丁号的第 14 个小补丁。

在安装 Linux 操作系统的时候，尽量不采用发行版本号中的小版本号是奇数的内核，因为开发中的版本没有经过比较完善的测试，有一些漏洞是未知的，使用中有可能造成不必要的麻烦。

3. Linux 系统内核模块

Linux 的内核主要由 5 个子系统组成：进程调度、内存管理、虚拟文件系统、网络接口和进程间通信。

（1）进程调度（SCHED）

进程调度指的是系统对进程的多种状态之间转换的策略。Linux 下的进程调度有 3 种策略：SCHED_OTHER、SCHED_FIFO 和 SCHED_RR。

1）SCHED_OTHER 是用于针对普通进程的时间片轮转调度策略。在这种策略中，系统给所有的运行状态的进程分配时间片。在当前进程的时间片用完之后，系统从进程中优先级最高的进程中选择进程运行。

2）SCHED_FIFO 是针对运行的实时性要求比较高、运行时间短的进程调度策略。在这种策略中，系统按照进入队列的先后顺序进行进程的调度，在没有更高优先级进程到来或者当前进程没有因为等待资源而阻塞的情况下，会一直运行。

3）SCHED_RR 是针对实时性要求比较高、运行时间比较长的进程调度策略。这种策略与 SCHED_OTHER 的策略类似，只不过 SCHED_RR 进程的优先级要高得多。系统分配给 SCHED_RR 进程时间片，然后轮循运行这些进程，将时间片用完的进程放入队列的末尾。

由于存在多种调度方式，Linux 进程调度采用的是"有条件可剥夺"的调度方式。普通进程中采用的是 SCHED_OTHER 的时间片轮循方式，实时进程可以剥夺普通进程。如果普通进程在用户空间运行，则普通进程立即停止运行，将资源让给实时进程；如果普通进程运行在内核空间，需要等系统调用返回用户空间后方可剥夺资源。

（2）内存管理（MMU）

内存管理是多个进程间的内存共享策略。在 Linux 系统中，内存管理的主要概念是虚拟内存。

虚拟内存可以让进程拥有比实际物理内存更大的内存，可以是实际内存的很多倍。每个进程的虚拟内存有不同的地址空间，多个进程的虚拟内存不会冲突。

虚拟内存的分配策略是每个进程都可以公平地使用虚拟内存。虚拟内存的大小通常设置为物理内存的两倍。

（3）虚拟文件系统（VFS）

在 Linux 下支持多种文件系统，如 EXT、EXT2、MINIX、UMSDOS、MSDOS、VFAT、NTFS、PROC、SMB、NCP、ISO9660、SYSV、HPFS、AFFS 等。目前 Linux 下最常用的文件格式是 EXT2 和 EXT3。

EXT2 文件系统用于固定文件系统和可活动文件系统，是 EXT 文件系统的扩展。EXT3 文件系统是在 EXT2 上增加日志功能后的扩展，它兼容 EXT2。两种文件系统之间可以互相转换，EXT2 不用格式化就可以转换为 EXT3 文件系统，而 EXT3 文件系统转换为 EXT2 文件系统也不会丢失数据。

（4）网络接口

Linux 是在 Internet 飞速发展的时期成长起来的，所以 Linux 支持多种网络接口和协议。网络接口分为网络协议和网络驱动，网络协议是一种网络传输的通信标准，而网络驱动则是对硬件设备的驱动程序。Linux 支持的网络设备多种多样，几乎目前所有网络设备都有网络驱动程序。

（5）进程间通信

Linux 操作系统支持多进程，进程之间需要进行数据的交流才能完成控制、协同工作等功能，Linux 的进程间通信是从 UNIX 系统继承过来的。Linux 下的进程间的通信方式主要有管道方式、信号方式、消息队列方式、共享内存和套接字等。

3.2.2 嵌入式 Android 操作系统

3.2.2 嵌入式 Android 操作系统

1. 嵌入式 Android 操作系统简介

Android 是基于Linux 内核和其他开源软件的修改版的移动操作系统，主要用于智能手机和平板电脑等触摸屏移动设备。Android 作为一个完全开源的操作系统，程序员通过 Android SDK 提供的 API 以及相应的开发工具开发 Android 平台上的应用程序嵌入式 Android 整个系统由应用程序、应用程序框架、应用程序库、Android 运行库和 Linux 内核（Linux Kernel）5 部分组成。Android 从面世以来到现在已经发布了 20 多个版本。嵌入式系统硬件厂商、开发者、用户之间相互依存，共同推进着 Android 的蓬勃发展。

2．嵌入式 Android 操作系统版本

2008 年 9 月，谷歌（Google）正式发布了 Android 1.0 系统，这也是嵌入式 Android 系统最早的版本。随后的几年，谷歌以惊人的速度不断地更新 Android 系统，Android 2.1、2.2、2.3 系统的推出使 Android 的市场占有率得到提高。2011 年 2 月，谷歌发布了 Android 3.0 系统，这个系统版本是专门为平板电脑设计的。同年的 10 月，谷歌又发布了 Android 4.0 系统，这个版本不再对手机和平板进行差异化区分，既可以应用在手机上，也可以应用在平板电脑上。2014 年谷歌推出了改动最大的 Android 5.0 系统，其中使用 ART 运行环境替代了 Dalvik 虚拟机，大大提升了应用的运行速度，还提出了 Material Design 的概念来优化应用的界面设计。除此之外，还推出了 Android Wear、Android Auto、Android TV 系统，从而应用在可穿戴设备、汽车、电视等领域。之后 Android 的更新速度更加迅速，2018 年推出了 Android 9.0 系统，2019 年 9 月推出了 Android 10.0 系统，这也是目前最新的 Android 操作系统版本。Android 操作系统版本号及 API 如表 3-1 所示。

表 3-1 Android 操作系统版本号及 API

版本号	系统代号	API	市场占有率
2.3.3～2.3.7	Gingerbread（姜饼）	10	0.3%
4.0.3、4.0.4	Ice Cream Sandwich（冰淇淋三明治）	15	1.2%
4.1.x		16	1.2%
4.2.x	Jelly Bean（果冻豆）	17	1.5%
4.3		18	0.5%
4.4	KitKat（奇巧）	19	6.9%
5.0	Lollipop（棒棒糖）	21	3.0%
5.1		22	11.5%
6.0	Marshmallow（棉花糖）	23	16.9%
7.0	Nougat（牛轧糖）	24	11.4%
7.1		25	7.8%
8.0	Oreo（奥利奥）	26	12.9%
8.1		27	15.4%
9	Pie（馅饼）	28	10.4%

3．嵌入式 Android 操作系统架构

嵌入式 Android 操作系统大致可以分为 4 层架构：Linux 内核层、系统运行库层、应用框架层和应用层。

（1）Linux 内核层

Android 系统是基于 Linux 内核的，Linux 内核层为 Android 设备的各种硬件提供了底层的驱动，如显示驱动、音频驱动、照相机驱动、蓝牙驱动、WiFi 驱动、电源管理等。

（2）系统运行库层

系统运行库层通过一些 C/C++库来为 Android 系统提供了主要的特性支持。例如 SQLite

库提供了数据库的支持，OpenGL ES 库提供了 3D 绘图的支持，WebKit 库提供了浏览器内核的支持等。

同样在这一层还有 Android 运行时库，它主要提供了一些核心库，能够允许开发者使用 Java 语言来编写 Android 应用。另外，Android 运行时库中还包含了 Dalvik 虚拟机（Android 5.0 系统之后改为 ART 运行环境），它使得每一个 Android 应用都能运行在独立的进程当中，并且拥有一个自己的 Dalvik 虚拟机实例。相较于 Java 虚拟机，Dalvik 是专门为移动设备定制的，它针对手机内存、CPU 性能有限等情况做了优化处理。

（3）应用框架层

应用框架层主要提供了构建应用程序时可能用到的各种 API，Android 自带的一些核心应用就是使用这些 API 完成的，开发者也可以通过使用这些 API 来构建自己的应用程序。

（4）应用层

所有安装在手机上的应用程序都是属于这一层的，例如系统自带的联系人、短信等程序，或者是从 Google Play 上下载的小游戏，当然还包括自己开发的程序。

4. 嵌入式 Android 操作系统特点

Android 系统 4 大组件分别是活动（Activity）、服务（Service）、广播接收器（Broadcast Receiver）和内容提供器（Content Provider）。其中活动是所有 Android 应用程序的门面，凡是在应用中看得到的内容，都是放在活动中的。而服务就比较低调了，用户无法看到它，但它会一直在后台默默地运行，即使用户退出了应用，服务仍然是可以继续运行的。广播接收器允许应用接收来自各处的广播消息，如电话、短信等，当然应用同样也可以向外发出广播消息。内容提供器则为应用程序之间共享数据提供了可能，例如想要读取系统电话簿中的联系人信息，就需要通过内容提供器来实现。

3.2.3 其他嵌入式操作系统

1. Windows CE

Windows CE 是微软开发的一个开放的、可升级的 32 位嵌入式操作系统。它是基于掌上电脑类的电子设备操作，是精简的 Windows 95，所以 Windows CE 的图形用户界面相当出色。

其中 CE 中的 C 代表袖珍（Compact）、消费（Consumer）、通信能力（Connectivity）和伴侣（Companion）；E 代表电子产品（Electronics）。与 Windows 95/98、Windows NT 不同的是，Windows CE 所有源代码全部是由微软自行开发的嵌入式新型操作系统，Windows CE 是基于 Win32 API 重新开发的、新型的信息设备平台。

Windows CE 具有模块化、结构化和基于 Win32 应用程序接口以及与处理器无关等特点。

Windows CE 不仅继承了传统的 Windows 图形界面，并且在 Windows CE 平台上可以使用 Windows 95/98 上的编程工具（如 Visual Basic、Visual C++等）、同样的函数、同样的界面网格，使绝大多数的应用软件只需要进行简单的修改和移植就可以在 Windows CE 平台上继续使用。

2. VxWorks

VxWorks 操作系统是美国 WindRiver 公司于 1983 年设计开发的一种嵌入式实时操作系

统（RTOS），是嵌入式开发环境的关键组成部分。VxWorks 良好的持续发展能力、高性能的内核以及友好的用户开发环境使其在嵌入式实时操作系统领域占据一席之地。VxWorks 以其良好的可靠性和卓越的实时性被广泛地应用在通信、军事、航空、航天等高精尖技术及实时性要求极高的领域中，如卫星通信、军事演习、弹道制导、飞机导航等。VxWorks 提供的多任务机制中对任务的控制采用了优先级抢占和轮转调度机制，也充分保证了可靠的实时性，使同样的硬件配置能满足更强的实时性要求，为应用的开发提供更大的空间。

VxWorks 由一个体积很小的内核及一些可以根据需要进行定制的系统模块组成。VxWorks 内核最小为 8 KB，即便加上其他必要模块，所占用的空间也很小，且不失其实时、多任务的系统特征。由于它的高度灵活性，用户可以很容易地对这一操作系统进行定制或做适当开发，来满足自己的实际应用需要。

3．μC/OS-II

μC/OS-II 是一个源码公开、可移植、可固化、可裁剪、占先式的实时多任务操作系统。μC/OS-II 通过了联邦航空局（FAA）商用航行器认证，符合航空无线电技术委员会（RTCA）DO-178B 标准。自 1992 年问世以来，μC/OS-II 已经被应用到数以百计的产品中。

μC/OS-II 有如下特点：

1）可移植性：μC/OS-II 的源代码绝大部分是使用移植性很强的 ANSIC 编写的，与微处理器硬件相关的部分是使用汇编语言编写的。汇编语言写的部分已经压缩到最低的限度，以使 μC/OS-II 便于移植到其他微处理器上。目前，μC/OS-II 已经被移植到多种不同架构的微处理器上。

2）可固化：只要具备合适的软硬件工具，就可以将 μC/OS-II 嵌入到产品中成为产品的一部分。

3）可剪裁：μC/OS-II 使用条件编译实现可剪裁，用户程序可以只编译自己需要的μC/OS-II 功能，而不编译不要需要的功能，以减少 μC/OS-II 对代码空间和数据空间的占用。

4）可剥夺：μC/OS-II 是完全可剥夺型的实时内核，μC/OS-II 总是运行在就绪条件下优先级最高的任务。

5）多任务：μC/OS-II 可以管理 64 个任务，然而，μC/OS-II 的作者建议用户保留 8 个给μC/OS-II。这样，留给用户的应用程序最多可有 56 个任务。

6）可确定性：绝大多数 μC/OS-II 的函数调用和服务的执行时间具有确定性，也就是说，用户总是能知道 μC/OS-II 的函数调用与服务执行了多长时间。

7）任务栈：μC/OS-II 的每个任务都有自己单独的栈，使用 μC/OS-II 的占空间校验函数，可确定每个任务到底需要多少栈空间。

8）系统服务：μC/OS-II 提供很多系统服务，例如信号量、互斥信号量、时间标志、消息邮箱、消息队列、块大小固定的内存的申请与释放及时间管理函数等。

9）中断管理：中断可以使正在执行的任务暂时挂起，如果优先级更高的任务被中断唤醒，则高优先级的任务在中断嵌套全部退出后立即执行，中断嵌套层数可达 255 层。

10）稳定性与可靠性：μC/OS-II 是基于 μC/OS 的，μC/OS 自 1992 年以来已经有数百个商业应用。μC/OS-II 与 μC/OS 的内核是一样的，只是提供了更多的功能。

本章小结

本章对嵌入式最小系统、嵌入式操作系统概念、嵌入式操作系统性能管理以及常用的嵌入式操作系统例如 Linux、Android 操作系统的版本、架构和系统应用做了系统的阐述，重点突出嵌入式 Android 操作系统架构的介绍，为后续使用 Android Studio 平台开发嵌入式应用做好准备。

 思考与习题

1. 嵌入式操作系统的主要特点是什么？
2. 一个比较完善的操作系统应包括哪几个模块？
3. 说明嵌入式操作系统进程调度的几种策略，并说出不同之处和优缺点。
4. 简要说明 Android 操作系统的主要特点。

第 4 章 Android Studio 开发环境

本章主要介绍嵌入式开发环境的搭建、安装并配置开发环境，展示如何使用 New Project Wizard 创建全新的 Hello World 项目，安装重要的前置组件——Java 开发工具包（Java SE Development Kit，JDK）。接着学习下载并安装 Android Studio，以及构建 Android App 所需的一套软件工具—Android 软件开发包（Software Development Kit，SDK），如何建立与 Android 物理设备的连接，随后讲解 Android 开发示例和实验项目，大家都准备好了吗？让我们开始遨游 Android Studio 开发环境吧。

4.1 项目 1 搭建嵌入式开发环境

本小节通过嵌入式开发环境的搭建，编译环境的构建，实现 Android Studio 集成开发环境平台开发嵌入式系统基础项目的准备工作，为后续项目提供学习平台。

4.1.1 Android 系统编译环境

Android 系统主要包含 3 个部分：Bootloader、Kernel 和 Android Platform。Bootloader 是嵌入式设备在上电时运行的第一段小程序，功能类似于 x86 结构的 PC 中的 BIOS。它主要完成初始化硬件设备，建立内存空间映射图之类的配置硬件环境的操作，硬件环境配置好之后，Bootloader 的一个必需的工作是将内核镜像复制到 RAM 中，然后跳转到 RAM 中的操作系统起始入口处，启动操作系统。Kernel 是 Android 操作系统的内核。所谓内核，即是最核心、最重要的部分。操作系统内核则是指操作系统中，内存管理、网络通信、文件系统、进程管理、驱动管理等重要部分的组成。Android Platform 则是内核层之上的系统运行库层、框架层、应用层等。

📖 Android 系统编译环境要求是由开发者编译的源代码版本决定的。

编译 ARM 嵌入式平台的代码，为什么不在 ARM 平台上编译呢？主要有两个原因：对于嵌入式开发，最初的嵌入式设备是一个空白的系统，需要通过 PC 为它构建基本的软件系统，并烧写到设备中；另外，嵌入式设备的资源并不足以用来开发软件，因此需要用到交叉开发模式：在主机上编译源代码、在目标机上运行验证。在 Android 系统开发中，需要安装下面工具：

- gcc 和 g++（由 GNU 自由软件联盟发布的支持多种编程语言的编译器）。
- Python 2.6 或 Python 2.7（Ubuntu 系统已经自带）。
- GNUMake 3.81 或 GNUMake 3.82（Ubuntu 系统已经自带）。
- OpenJDK7（针对 Java 开发的开源工具，Android 的编译用）。

Android 的应用程序是 Android 系统的重要组成部分。开源的特性使得 Android 系统获得了广大硬件厂商的欢迎。设备商可以免费获得 Android 的授权，在自己的智能设备上搭载一款拥有无数应用开发者支持的智能操作系统。他们只需要堆砌设备的硬件性能，完善基本的系统服务，就可以为 Android 应用开发者的各种奇思妙想而实现的体验。因为 Android 的应用目前是 Java 语言写成、运行于 Android 系统的虚拟机上，所以 Android 应用的开发环境需要用到 JDK、NDK 和 Android Studio。

4.1.2 应用开发环境介绍

在本书的应用开发中，使用 Android Studio 集成开发环境。Android Studio 是一个为 Android 平台开发程序的集成开发环境，基于 IntelliJ IDEA，类似 Eclipse ADT，Android Studio 提供了集成的 Android 开发工具用于开发和调试。在 IDEA 的基础上，Android Studio 提供以下功能：

- 基于 Gradle 的构建支持。
- Android 专属的重构和快速修复。
- 提示工具以捕获性能、可用性、版本兼容性等问题，支持 ProGuard 和应用签名。
- 基于模板的向导来生成常用的 Android 应用设计和组件。

对于初学者来说，理解整个 Android 项目目录结构很重要，如明白各自的作用，分别在什么时候用，哪个资源，哪个文件，哪个配置放在什么地方，如何增加、删除、更新等。如图 4-1 所示是一个简单的目录结构。

图 4-1　Android Studio 工程项目目录

1）.gradle 和.idea：这两个目录下放置的都是 Android Studio 自动生成的一些文件，不需要手动编辑。

2）app：这个目录下放置的都是项目中的代码、资源等内容，本书中的开发工作也基本都是在这个目录下进行的，后面章节还会对这个目录单独展开进行讲解。

3）build：这个目录主要包含了一些在编译时自动生成的文件。

4）gradle：这个目录下包含了 gradle wrapper 的配置文件，使用 gradle wrapper 的方式不

需要提前将 gradle 下载好，而是会自动根据本地的缓存情况决定是否需要下载 gradle。Android Studio 默认为没有启动 gradle wrapper 的方式，如果需要打开，可以单击 Android Studio 导航栏→"File"→"Settings"→"Build, Execution, Deployment"→"Gradle"，进行配置更改。

5）.gitignore：这个文件是用来将指定的目录或文件排除在版本控制之外的。

6）build.gradle：这是项目全局的 gradle 构建脚本，通常这个文件中的内容是不需要修改的。后面章节会详细分析 gradle 构建脚本中的具体内容。

7）gradle.properties：这个文件是全局的 gradle 配置文件，在这里配置的属性将会影响到项目中所有的 gradle 编译脚本。

8）gradlew 和 gradlew.bat：这两个文件是用来在命令行界面中执行 gradle 命令的，其中 gradlew 是在 Linux 或 Mac 系统中使用的，gradlew.bat 是在 Windows 系统中使用的。

9）MyApplication.iml：这个文件是所有 IntelliJ IDEA 项目都会自动生成的一个文件（因为 Android Studio 是基于 IntelliJ IDEA 开发的），用于标识这是一个 IntelliJ IDEA 项目，不需要修改这个文件中的任何内容。

10）local.properties：这个文件用于指定本机中的 Android SDK 路径，通常内容都是自动生成的，并不需要修改。除非本机中的 Android SDK 位置发生了变化，那么就将这个文件中的路径改成新的位置即可。

11）settings.gradle：这个文件用于指定项目中所有引入的模块。由于 MyApplication 项目中只有一个 App 模块，因此该文件中也只引入了 App 这一个模块。通常情况下模块的引入都是自动完成的，需要手动去修改这个文件的场景很少。

12）External Libraries：这个文件夹是外部库，用来存放引用的 jar 包。

4.1.3　开发工具应用解析

Android Application 与其他移动平台有两个重大不同点：每个 Android App 都在一个独立空间里，意味着其运行在一个单独的进程中，拥有自己的 VM，被系统分配唯一的 user ID。Android App 由很多不同组件组成，这些组件还可以启动其他 App 的组件。因此，Android App 并没有一个类似程序入口的 main()方法。

1. Android Application 的组件

Android Application 组件包括：

- Activities：前台界面，直接面向用户，提供 UI 和操作。
- Services：后台任务。
- Broadcast Receivers：广播接收者。
- Content Providers：数据提供者。

2. Android 的启动过程

Android 进程与 Linux 进程一样，在默认情况下，每个 APK 运行在自己的 Linux 进程中。另外，默认一个进程里面只有一个线程——主线程。这个主线程中有一个 Looper 实例，通过调用 Looper.loop()从 Message 队列里面取出 Message 来做相应的处理。

具体的启动过程分为以下 3 步：

1）创建进程 ActivityManagerService。调用 startProcessLocked()方法来创建新的进程，该方法会通过 Socket 通道传递参数给 Zygote 进程，同时调用 ZygoteInit.main()方法来实例化 ActivityThread 对象并最终返回新进程的 PID。ActivityThread 随后依次调用 Looper.prepare Loop()和 Looper.loop()来开启消息循环。

2）绑定 Application。接下来将进程和指定的 Application 绑定。这是通过 ActivityThread 对象中调用 bindApplication()方法完成的。该方法发送一个 BIND_APPLICATION 的消息到消息队列中，最终通过 handleBindApplication()方法处理该消息，然后调用 makeApplication()方法来加载 App 的 classes 到内存中。

3）启动 Activity。经过前两个步骤之后，系统已经拥有了该 Application 的进程。后面的调用顺序是普通的从一个已经存在的进程中启动一个新进程 Activity。实际调用方法是 realStartActivity()，它会调用 Application 线程对象中的 sheduleLaunchActivity()发送一个 LAUNCH_ACTIVITY 消息到消息队列中，通过 handleLaunchActivity()来处理该消息。

4.1.4 调试方式与快捷键

1．常用调试功能及快捷键

- step into (F7)：进入子函数。
- step over (F8)：越过子函数，但子函数会执行。
- step out (Shift + F8)：跳出子函数。
- Run to Cursor (Alt + F9)：运行到光标所在的位置。
- show Execution Point (Alt + F10)：快速定位当前调试的位置，并将该行高亮地显示出来。

2．调试方式功能解释

- step into：单步执行，遇到子函数就进入并且继续单步执行；例如当执行到 System. out.println("")时，使用这个功能时就会进入到 System.out.println 方法所在类的 println 方法下。
- step over：单步执行时，在函数内遇到子函数时不会进入子函数内单步执行，而是将子函数整个执行完再停止，也就是把子函数整个作为一步。
- step out：当单步执行到子函数内时，用 step out 就可以执行完子函数余下部分，并返回到上一层函数。
- Run to Cursor：运行到光标所在的位置。执行该功能后，不论执行到哪里，程序都可以执行到光标所在的行。
- show Execution Point：当不知道程序当前已经执行到哪里的时候，就可以使用这个功能，Android Studio 会跳到执行行所在的界面，并将该行高亮地显示出来。

4.1.5 搭建步骤详解

4.1.5 搭建步骤详解

（1）安装所需要的系统包

1）在终端下输入如下两条命令，进行在线安装。

```
$ sudo apt update
$ sudo apt install bison g++-multilib git gperf libxml2-utils make python-networkx\
zlib1g-dev:i386 zip u-boot-tools libncurses5-dev vim rar fastboot adb
```

📖 具体步骤请参考 Android 官方网址：http://source.android.com/source/initializing.html。

2）Android 5.1 系统的编译需要安装 OpenJDK 7.0，安装命令如下：

```
$ sudo add-apt-repository ppa:openjdk-r/ppa
$ sudo apt update
$ sudo aptinstallopenjdk-7-jdk
```

通过如下命令选择默认的 JDK 版本，如果安装了多个版本的 JDK，请选择 OpenJDK。

```
$ sudo update-alternatives—config java   -->选择 java-7-openjdk-amd64
$ sudo update-alternatives—config javac  -->选择 java-7-openjdk-amd64
```

（2）安装 Android Studio

前往 Android 开发者论坛下载安装包，下载地址为 "https://developer.android.com/studio/index.html"，选择 Linux 版本进行下载：android-studio-ide-145.3360264-linux.zip，如图 4-2 所示。

Platform	Android Studio package	Size	SHA-1 checksum
Windows	android-studio-bundle-145.3360264-windows.exe Includes Android SDK (recommended)	1641 MB (1721650280 bytes)	dB79e4bf8cd2530dfa6cc7e176d72bb8dfd37b41
	android-studio-ide-145.3360264-windows.exe No Android SDK	423 MB (444308960 bytes)	54c65afe143e87ef40decc720854a9c1f30417d3
	android-studio-145.3360264-windows.zip No Android SDK, no installer	445 MB (467098338 bytes)	27152fb1cc2b59c0110935c6bdeb2eaa58fa955f
Mac OS X	android-studio-ide-145.3360264-mac.dmg	440 MB (461824413 bytes)	2e89fed3601e5bd19112c29c172cb29be3b34f8e
Linux	android-studio-ide-145.3360264-linux.zip	445 MB (466765476 bytes)	fc63ca247762697c33102a78063a95f8b5ab5dea

图 4-2　下载安装包

把 android-studio-ide-145.3360264-linux.zip 复制到工作目录下，并解压。

```
$unzipandroid-studio-ide-145.3360264-linux.zip
```

解压后生成 android-studio 文件夹。

（3）启动 Android Studio

第一次启动 Android Studio，打开终端，进入 "android-studio/bin" 目录，执行 studio.sh 脚本，命令如下。

```
#cd android-studio/bin/
#./studio.sh
```

1）弹出 "Complete Installation" 对话框，选中 "I want to import my settings from a custom location" 单选按钮，如图 4-3 所示。

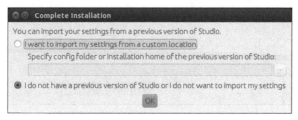

图 4-3　"Complete Installation" 对话框

2）单击"OK"按钮，弹出"Welcome"对话框，如图4-4所示。

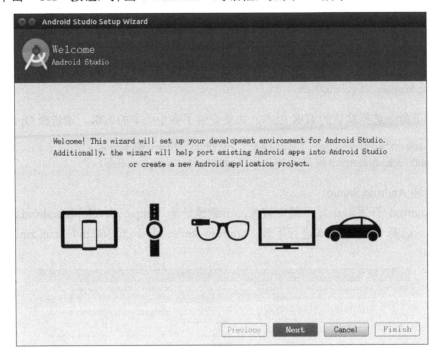

图4-4 "Welcome"对话框

3）单击"Next"按钮，弹出"Install Type"对话框，选中"Standard"单选按钮，如图4-5所示。

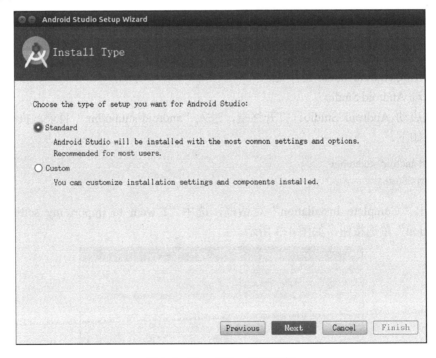

图4-5 "Install Type"对话框

4）单击"Next"按钮，弹出"Verify Settings"对话框，如图4-6所示。

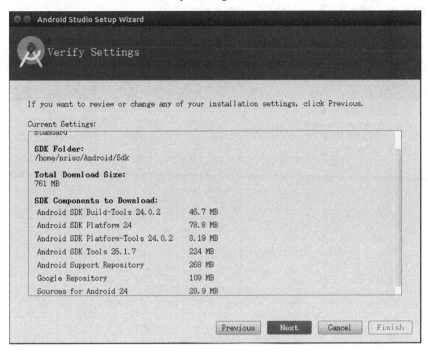

图4-6 "Verify Settings"对话框

5）单击"Next"按钮，弹出"Emulator Settings"对话框，如图4-7所示。

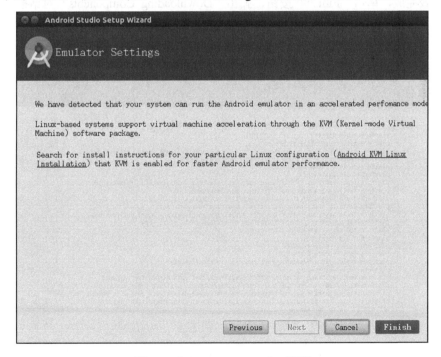

图4-7 "Emulator Settings"对话框

6）单击"Finish"按钮，进入"Downloading Components"界面，在此过程，系统会连接 Google 服务器，更新 Android SDK，如图 4-8 所示。

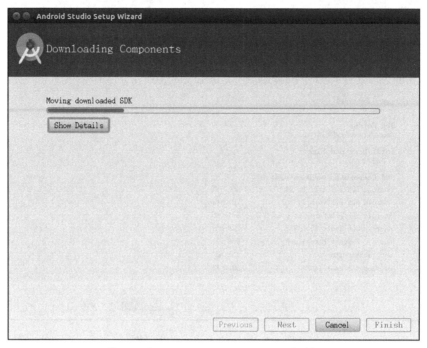

图 4-8　"Downloading Components"对话框

7）下载完成，单击"Finish"按钮，弹出"Downloading Components"对话框，如图 4-9 所示。

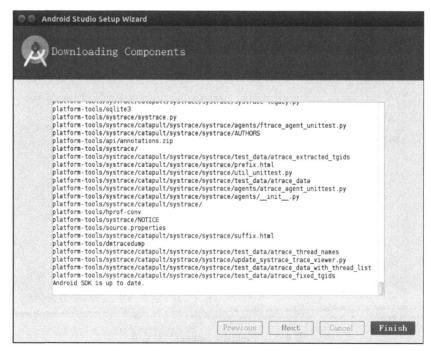

图 4-9　"Downloading Components"对话框

8）单击"Finish"按钮，至此完成安装，弹出"Android Studio"启动界面——"Welcome to Android Studio"，如图 4-10 所示。

图 4-10 "Android Studio"启动界面——"Welcome to Android Studio"

4.2 项目 2 编写 Hello Android 应用程序

本项目通过编写集成开发平台 Android Studio 下的第一个应用程序 Hello Android，介绍参数设置、调试及运行的详细步骤。

4.2 编写 Hello Android 应用程序

4.2.1 创建一个新的 Android 工程

1）如果在没有打开任何工程的情况下，在"Welcome to Android Studio"界面中，单击"Start a new Android Studio project"选项，如图 4-11 所示。

图 4-11 "Welcome to Android Studio"界面

如果已经打开了某个工程，可以选择"File"菜单→"New Project"命令。

2）在弹出的"New Project"对话框填入内容如图 4-12 所示。

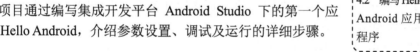

49

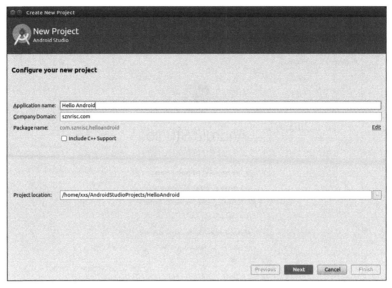

图 4-12 "Configure your new project"界面

- Application name：应用程序的标题，这里输入"Hello Android"。
- Company Domain：公司网址，这个是用来生成 Package name 的。
- Pachage name：包命名空间，和 Java 程序设计语言类似，是保存源代码的空间。在应用程序中使用的包名必须不同于所有在系统中安装包的包名。Package name 由 Company Domain 生成。
- Project location：存储工程的路径名。

3）单击"Next"按钮，弹出"Target Android Devices"对话框，选中"Phone and Tablet"复选框，并选择支持的最小 Android 版本"API 15: Android 4.0.3"（因为开发平台搭载的是 Android 5.1，所以这里不能选择比 Android 5.1 更大的版本号，否则无法在开发平台上运行），如图 4-13 所示。

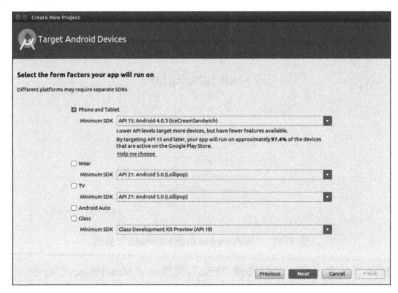

图 4-13 "Target Android Devices"对话框

4）单击"Next"按钮，弹出"Add an Activity to Mobile"对话框，选择"Empty Activity"选项，如图 4-14 所示。

图 4-14 "Add an Activity to Mobile"对话框

5）单击"Next"按钮，弹出"Customize the Activity"对话框，可以为应用的活动及其相关资源选择名称。在此示例中使用默认名称如图 4-15 所示。

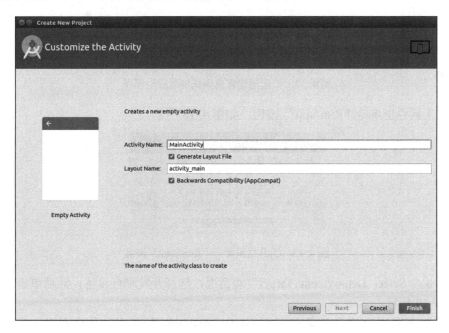

图 4-15 "Customize the Activity"对话框

6）单击"Finish"按钮，完成工程的创建，如图4-16和图4-17所示。

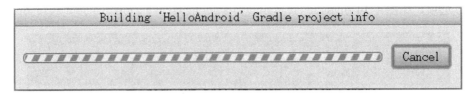

图4-16 等待工程创建

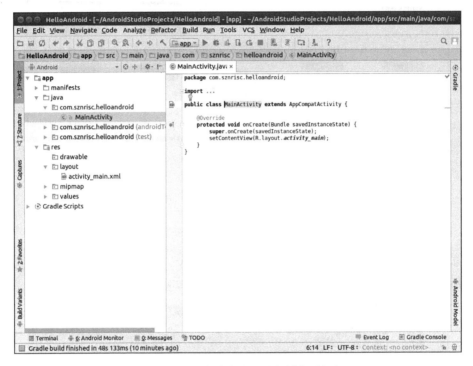

图4-17 工程创建完成调试部署应用程序

7）在工具栏里单击"Run 'app'"按钮，如图4-18所示。

图4-18 工具栏里单击"Run 'app'"按钮

8）弹出"Select Deployment Target"对话框，选择开发平台设备，然后单击"OK"按钮，如图4-19所示。

9）这时开发平台将会部署和运行 Hello Android 程序，一个文本框，显示内容为"Hello World!"，如图4-20所示。

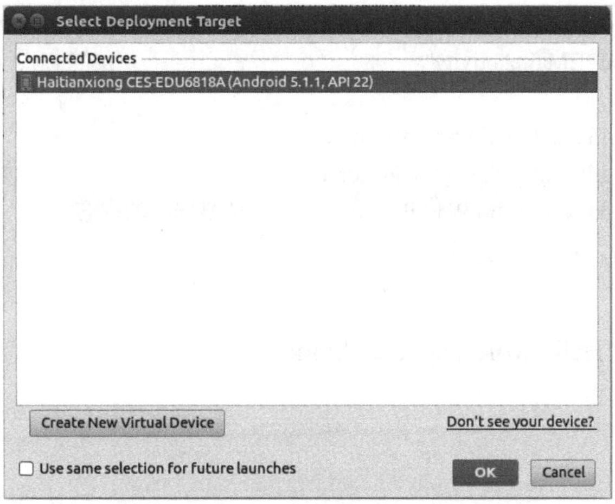

图 4-19 "Select Deployment Target" 对话框

图 4-20 运行 Hello Android 程序

4.2.2 修改程序

简单修改显示字符，调试并运行。"Hello Wold!"字符是存储在" res/layout/activity_main. xml"文件里。

代码解析：

```
<?xml version="1.0" encoding="utf-8"?>
<LinearLayout xmlns:android="http://schemas.android.com/apk/res/android"
    xmlns:app="http://schemas.android.com/apk/res-auto"
    xmlns:tools="http://schemas.android.com/tools"
    android:layout_width="match_parent"
```

```
        android:layout_height="match_parent"
        tools:context=".MainActivity">
        <TextView
            android:layout_width="wrap_content"
            android:layout_height="wrap_content"
            android:text="Hello World!"              //要修改的内容
            />
    </LinearLayout>
```

可以把它修改成"Hello world, hello android!"

4.2.3 运行结果

```
    <TextView
        android:layout_width="wrap_content"
        android:layout_height="wrap_content"
        android:text="Hello world, hello android!"       //修改后的内容
        />
```

保存后，在工具栏里单击"Run 'app'"按钮再次编译。这时，屏幕上的显示也跟着改变，如图 4-21 所示。

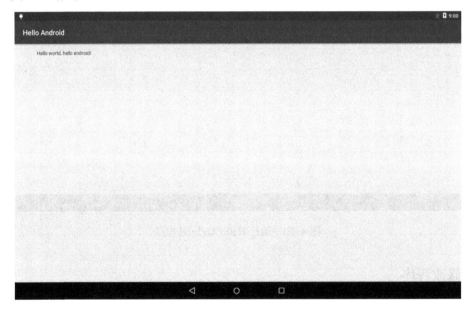

图 4-21 显示"Hello world, hello android!"

4.3 项目 3 应用布局

本项目主要通过学习 Android 常用布局（线性布局、框架布局、表格布局、相对布局和绝对布局），熟悉 Android 用户界面框架及布局界面的使用。

4.3.1 布局简介

Android 用户界面通常包含活动（Activity）、片段（Fragment）、布局（Layout）、小部件（Widget）几部分，如图 4-22 所示。

4.3.1 布局简介

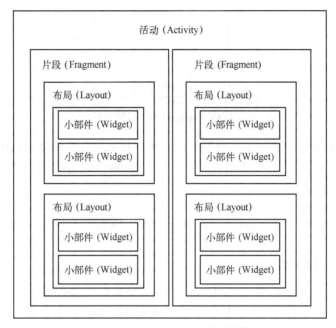

图 4-22　Android 用户界面结构

（1）活动（Activity）

活动（Activity）是 Android 应用的核心组件，通常用来表示一个界面，可以添加多个界面到一个活动中，它是负责界面显示什么的控件实例，可以用来移除或添加新的组件，也可以通过 Intent（触发意图）来启动触发新的活动。

（2）片段（Fragment）

片段（Fragment）是界面上独立的一个部分，可以和其他片段放在一起，也可以单独放置，通常把它作为一个子活动。片段是 Android 3.0 版本后引进的新特性，其目的是为了让用户的应用程序具有更强的跨设备扩展能力（如在智能手机和平板电脑之间）。

（3）布局（Layout）

布局（Layout）是对用户界面中小部件排列设置的容器，如同规划房间中的家具如何放置及其放置的位置。

为了让组件在不同手机屏幕上都能运行良好（因不同的手机屏幕分辨率，尺寸并不完全相同），如果让程序手动地控制组件的位置与大小则会给编程带来巨大的困难。为了解决这个问题 Android 提供了布局管理器，如图 4-23 所示。布局管理器会根据不同的平台来调整组件的大小与位置。布局管理器使 Android 应用的图形用户界面具有良好的平台无关性。布局管理器用来管理组件的分布，而不是直接设置组件的位置与大小。程序员要做的只是为容器选择合适的布局管理器，与 Swing 界面编程不同的是 Android 的布局管理器本身就是一个 UI 组件，所有的布局管理器都是 ViewGroup 的子类。

所有的布局都可以作为容器使用。因此可以调用多个重载的 addView()函数向布局管理器添加组件。实际上可以将一个布局管理器嵌套进另一个布局管理器中，因为布局管理器也继承了 View，也可以作为普通的 UI 使用。

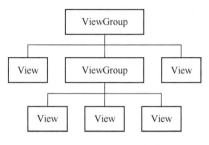

图 4-23　Android 的布局管理器

视图组件 View 类是用户界面组件的共同父类。几乎所有的高级 UI 组件都继承自 View 类。一个 View 就是屏幕上一块矩形区域，负责渲染和对其上的事件处理。可以设置该区域是否可见，是否可以获取焦点等。

（4）小部件（Widget）

小部件（Widget）是 Android 中独立的组件，包含按钮、文本框、编辑框等。

4.3.2　线性布局（LinearLayout）

LinearLayout 是 Android 最常见的布局之一。它将自己的元素按一个方向排列。方向有两种：水平和垂直。布局里的所有元素的排列都是一个接着一个的，并且都是独自一行或一列的。线性布局可以让它的子元素以垂直或水平的方式排成一行（不设置方向的时候默认按照垂直方向排列），通过将 android:orientation 属性设置为 Horizontal（水平）或 Vertical（垂直）来达到设置线性布局的目的。线性布局不支持元素的自动浮动，它是 Android 控件中的线性布局控件，它包含的子控件将以横向（Horizontal）或竖向（Vertical）的方式排列，按照相对位置来排列所有的子控件及引用的布局容器。超过边界时，某些控件将缺失或消失。因此一个垂直列表的每一行只会有一个控件或者是引用的布局容器。

1．常用属性

线性布局的常用属性和方法如表 4-1 所示。

表 4-1　线性布局常用属性和说明

XML 属性	说明
orientation	布局中组件的排列方式，有 horizontal（水平）和 vertical（默认竖直）两种方式
gravity	控制组件所包含的子元素的对齐方式，可以多个组合
layout_width	布局的宽度，通常不会直接设置，而是采用 wrap_content（组件的实际大小）、fill_parent 或者 match_parent 填满父容器
layout_height	布局的高度
background	为该组件设置一个背景图片或者设置背景颜色

2．权重（Weight）

LinearLayout 会根据每个子成员 layout_width 和 layout_weight 来决定应该给它们分配多

少空间，遵循以下规则：

- 根据 layout_width 的值来初步指定空间，因为 layout_width 都是 wrap_content，布局管理器会分别给两个子控件足够的空间来用于水平方向的拉伸。
- 因为水平方向上仍然有足够的空间，那么布局管理器就会将此多余的控件按照 layout_weight 的值进行分配。如果想给两个控件设置为宽度相同，Android 推荐的做法是将两个控件的属性设置为：layout_width=0dp, layout_weight=1，如果一个控件没有提供 layout_weight，那么 Android 会默认其为 0。

3．代码解析

```xml
<LinearLayout
    android:layout_width="match_parent"
    android:layout_height="wrap_content" >
    <ImageView
        android:id="@+id/imageView1"
        android:layout_width="wrap_content"
        android:layout_height="wrap_content"
        android:src="@drawable/image1"
        tools:ignore="ContentDescription" />
    <ImageView
        android:id="@+id/imageView2"
        android:layout_width="wrap_content"
        android:layout_height="wrap_content"
        android:src="@drawable/image2"
        tools:ignore="ContentDescription" />
    <ImageView
        android:id="@+id/imageView3"
        android:layout_width="wrap_content"
        android:layout_height="wrap_content"
        android:src="@drawable/image3"
        tools:ignore="ContentDescription" />
</LinearLayout>
```

在上面的这个布局里使用的是默认的方向，也就是水平方向。下面的是垂直方向的线性布局，在这个布局里有 3 个 ImageView。

```xml
<LinearLayout
    android:layout_width="match_parent"
    android:layout_height="wrap_content"
    android:orientation="vertical" >

    <ImageView
        android:id="@+id/imageView5"
        android:layout_width="wrap_content"
        android:layout_height="wrap_content"
```

```
            android:src="@drawable/image1"
            tools:ignore="ContentDescription" />
        <ImageView
            android:id="@+id/imageView6"
            android:layout_width="wrap_content"
            android:layout_height="wrap_content"
            android:src="@drawable/image2"
            tools:ignore="ContentDescription" />
        <ImageView
            android:id="@+id/imageView7"
            android:layout_width="wrap_content"
            android:layout_height="wrap_content"
            android:src="@drawable/image3"
            tools:ignore="ContentDescription" />

    </LinearLayout>
    <LinearLayout
        android:layout_width="match_parent"
        android:layout_height="wrap_content"
        android:orientation="vertical" >
```

在布局里每个元素都会有两个属性：android:layout_width 和 android:layout_height，分别代表此元素的宽和高。它们都有 3 种值：match_parent（与父控件大小相同，同 fill_parent）、wrap_content（能显示控件所有内容的最小尺寸）和自定义（自行设置控件大小）。

4. 运行效果

线性布局效果如图 4-24 所示。

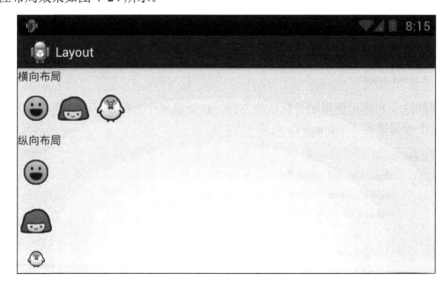

图 4-24　线性布局效果

4.3.3 相对布局（RelativeLayout）

在很多时候线性布局是不能满足界面需求的。如果想要某一控件显示在另一个控件的右下方，或想将某一控件显示在父控件的正中间，这时就需要一个相对布局RelativeLayout。相对布局顾名思义在这里面的控件的位置都是相对于其他控件或父控件。合理地利用好线性布局的Weight（权重）属性以及相对布局，可以解决屏幕分辨率不同的自适应问题。

例如：在相对布局里有两个 Button，可以定义第二个 Button 在第一个 Button 的上边。但是第二个 Button 的位置是由第一个 Button 来决定的。也就是说第二个 Button 的位置是依赖于第一个 Button 的位置。需要注意的是，出于性能上的考虑，相对布局的精确位置的计算只会执行一次，所以如果控件B依赖于控件 A，那么必须要让控件 A 先于控件 B 出现。

以下详细介绍相对布局的常用属性。

1. 对齐方式

android:gravity：设置容器内各个子组件的对齐方式。

android:ignoreGravity：如果某组件设置了该属性，则该组件不受 gravity 属性的影响。

1）根据父容器来定位（如要满足，则属性设置为 true）。

绝对布局

- android:layout_alighParentLeft：左对齐。
- android:layout_alighParentRight：右对齐。
- android:layout_alighParentTop：顶端对齐。
- android:layout_alighParentBottom：底部对齐。
- android:layout_centerHorizontal：水平居中。
- android:layout_centerVertical：垂直居中。
- android:layout_centerInParent：中央位置。

2）根据兄弟组件来定位（属性值为组件的 id）。

- android:layout_toLeftOf：左边。
- android:layout_toRightOf：右边。
- android:layout_above：上方。
- android:layout_below：下方。
- android:layout_alignTop：对齐上边界。
- android:layout_alignBottom：对齐下边界。
- android:layout_alignLeft：对齐左边界。
- android:layout_alignRight：对齐右边界。

2. 边距 Margin 和 Padding

1）Margin：设置组件与父容器的边距（外边距）。

- android:layout_margin：指定控件的四周的外部留出一定的边距。
- android:layout_marginLeft：指定控件的左边的外部留出一定的边距。
- android:layout_marginTop：指定控件的上边的外部留出一定的边距。
- android:layout_marginRight：指定控件的右边的外部留出一定的边距。
- android:layout_marginBottom：指定控件的下边的外部留出一定的边距。

2）Padding：设置组件内部元素间的边距（内边距）。

- android:padding：指定控件的四周的内部留出一定的边距。
- android:paddingLeft：指定控件的左边的内部留出一定的边距。
- android:paddingTop：指定控件的上边的内部留出一定的边距。
- android:paddingRight：指定控件的右边的内部留出一定的边距。
- android:paddingBottom：指定控件的下边的内部留出一定的边距。

3．其他属性

- android:gravity 属性是对该 view 内容的限定。例如一个 button 上面的 text，可以设置该 text 在 view 的靠左、靠右等位置。以 button 为例，android:gravity="right"则 button 上面的文字靠右。
- android:layout_gravity 是用来设置该 view 相对于其父 view 的位置。例如一个 button 在 linearlayout 里，如果把该 button 放在靠左、靠右等位置就可以通过该属性设置。以 button 为例，android:layout_gravity="right"则 button 靠右。
- android:layout_alignParentRight 用于使当前控件的右端和父控件的右端对齐的设置。这里的属性值只能为 true 或 false，默认为 false。
- android:scaleType 用于控制图片如何使用 resized/moved 来匹配 ImageView 的 size。

4．代码解析

XML 布局文件如下：

```xml
<RelativeLayout xmlns:android="http://schemas.android.com/apk/res/android"
    android:layout_width="fill_parent"
    android:layout_height="match_parent"
    android:padding="10dip" >

    <TextView
        android:id="@+id/label"
        android:layout_width="fill_parent"
        android:layout_height="wrap_content"
        android:layout_alignParentLeft="true"
        android:layout_alignParentTop="true"
        android:text="请输入用户名：" />
    <!--
        EditText 放置在 id 为 label 的 TextView 的下边
    -->
    <EditText
        android:id="@+id/entry"
        android:layout_width="fill_parent"
        android:layout_height="wrap_content"
        android:layout_below="@id/label" />
    <!--
        取消按钮和容器的右边齐平，并且设置左边的边距为 10 dip
    -->
    <Button
```

```
            android:id="@+id/cancel"
            android:layout_width="wrap_content"
            android:layout_height="wrap_content"
            android:layout_below="@id/entry"
            android:layout_alignParentRight="true"
            android:layout_marginLeft="10dip"
            android:text="取消" />
        <!--
            确定按钮在取消按钮的左侧，并且和取消按钮的高度齐平
        -->
        <Button
            android:id="@+id/ok"
            android:layout_width="wrap_content"
            android:layout_height="wrap_content"
            android:layout_toLeftOf="@id/cancel"
            android:layout_alignTop="@id/cancel"
            android:text="确定" />
    </RelativeLayout>
```

在这个布局内容里第一个控件是一个 TextView，依赖于父控件。接下来是一个 EditText 依赖于 TextView，然后是一个 Button 依赖于 EditText，最后也是一个 Button 依赖于前面的 Button。

5．运行效果

相对布局运行效果如图 4-25 所示。

图 4-25　相对布局运行效果

4.3.4　表格布局（TableLayout）

TableLayout 会将元素控件的位置分配到行或列里。Android 的 TableLayout 是由许多个 TableRow 组成的。每个 TableRow 都会定义一个 Row。TableRow 不会显示 Row、Column 或 Cell 的边框

4.3.4　表格布局

线。每个 Row 都拥有 0 个或多个 Cell，每个 Cell 都拥有一个 View 对象。表格由列和行组成许多单元格，允许单元格为空。单元格不能跨列，这与 HTML 不一样。也可以设置为伸展，从而填充可利用的屏幕空间，也可以设置为强制列收缩直到表格匹配屏幕大小。

TableLayout 布局，适用于 *N* 行 *N* 列的布局格式。一个 TableLayout 由许多 TableRow 组成，一个 TableRow 就代表 TableLayout 中的一行。TableRow 是 LinearLayout 的子类，它的 android:orientation 属性值恒为 horizontal，并且它的 android:layout_width 和 android:layout_height 属性值恒为 match_parent 和 wrap_content。所以它的子元素都是横向排列的，并且宽高一致。这样的设计使得每个 TableRow 里的子元素都相当于表格中的单元格一样。在 TableRow 中，单元格可以为空，但是不能跨列。

Android 表格布局 TableLayout 以行和列的形式对控件进行管理，每一行为一个 TableRow 对象，或一个 View 控件。当为 TableRow 对象时，可在 TableRow 下添加子控件，在默认情况下，每个子控件占据一列。有多少个子控件就有多少列；当为 View 时，该 View 将独占一行。

1．TableLayout 的属性和说明

TableLayout 的属性和说明如表 4-2 所示。

表 4-2　TableLayout 的属性和说明

XML 属性	说明
android:layout_colum	指定该单元格在第几列显示
android:layout_span	指定该单元格占据的列数（未指定时，默认为 1）
android:stretchColumns	设置可伸展的列。该列可向行方向伸展，最多可占据一整行
android:shrinkColumns	设置可收缩的列

2．常用属性

android:collapseColumns、android:shrinkColumns、android:stretchColumns 这 3 个属性的列号都是从 0 开始算的，例如 shrinkColunmns="1"，对应的是第二列。可以设置多个，用逗号隔开，如"0,2"，如果是所有列都生效，则用"*"号即可。除了这 3 个常用属性，还有两个属性，分别就是跳格子以及合并单元格，这和 HTML 中的 Table 类似：

android:layout_column="2"：表示的就是跳过第二个，从 1 开始计算，直接显示到第三个格子处。

android:layout_span="2"：表示合并两个单元格，也就说这个组件占两个单元格。

3．代码解析

```
<TableLayout xmlns:android="http://schemas.android.com/apk/res/android"
    android:layout_width="fill_parent" android:layout_height="fill_parent"
    android:stretchColumns="1">
    <TableRow>
        <TextView android:text="用户名:" android:textStyle="bold"
            android:gravity="right" android:padding="3dip" />
        <EditText android:id="@+id/username" android:padding="3dip"
            android:scrollHorizontally="true" />
    </TableRow>
```

```
            <TableRow>
                <TextView android:text="登录密码:" android:textStyle="bold"
                    android:gravity="right" android:padding="3dip" />
                <EditText android:id="@+id/password" android:password="true"
                    android:padding="3dip" android:scrollHorizontally="true" />
            </TableRow>
            <TableRow android:gravity="right">
                <Button android:id="@+id/cancel"
                    android:text="取消" />
                <Button android:id="@+id/login"
                    android:text="登录" />
            </TableRow>
        </TableLayout>
```

由上面的内容可以看出来 TableLayout 里的所有元素都是放在 TableRow 里的。但实际上元素控件也可以不放在 TableRow 里，此时该元素就不全按照行和列的方式排列了。

4. 运行效果

表格布局运行效果如图 4-26 所示。

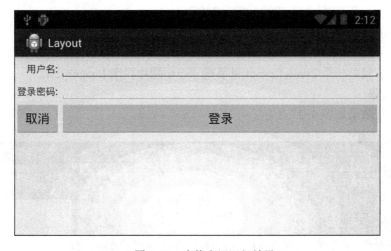

图 4-26　表格布局运行效果

4.3.5　帧布局（FrameLayout）

4.3.5　帧布局

FrameLayout 是常用布局中最简单的一个布局，在这个布局中，所有添加到这个布局中的视图都是以层叠的方式显示的。第一个添加到框架布局中的视图显示在最底层，最后一个被放在最顶层，上一层的视图会覆盖下一层的视图。整个界面被当成一块空白备用区域，所有的子元素都不会指定放置位置，它们统统放于这块区域的左上角，并且后面的子元素直接覆盖在前面的子元素之上，将前面的子元素部分和全部遮挡。所以 FrameLayout 常用来保存单个子视图。

1. 常用属性

帧布局的属性和说明如表 4-3 所示。

表 4-3　帧布局的属性和说明

XML 属性	说明
top	将视图放到屏幕的顶端
buttom	将视图放到屏幕的底端
left	将视图放到屏幕的左侧
right	将视图放到屏幕的右侧
center_vertical	将视图按照垂直方向居中显示
horizontal_vertical	将视图按照水平方向居中显示

2．代码解析

```
<FrameLayout android:id="@+id/left"
    xmlns:android="http://schemas.android.com/apk/res/android"
    android:layout_width="fill_parent"
    android:layout_height="fill_parent">
        <ImageView
        android:id="@+id/photo"
        android:src="@drawable/bg"
        android:layout_width="wrap_content"
        android:layout_height="wrap_content"    />
</FrameLayout>
```

上面的内容就是一个 FrameLayout 里填充了一个图片视图 ImageView。

3．运行效果

帧布局运行效果如图 4-27 所示。

图 4-27　帧布局运行效果

4.3.6 嵌套布局

由于所有的布局都是继承于 ViewGroup 的，而 ViewGroup 是继承于 View 的，所以一个布局也可以当作另外一个布局的元素，也就是说布局是可以嵌套使用的。嵌套布局可以使布局界面变得多样化，例如，在线性布局里嵌套了相对布局，就可以使某一行或某一列出现相对布局的格局。

下面的代码是来自 nested_layout.xml 文件的。首先是一个垂直的线性布局，并在这个布局里嵌套了一个水平的线性布局。

1. 代码解析

```xml
<LinearLayout xmlns:android="http://schemas.android.com/apk/res/android"
    android:layout_width="match_parent"
    android:layout_height="match_parent"
    android:orientation="vertical" >
    <!--
        这里嵌套了一个横向的线性布局
    -->
    <LinearLayout
        android:layout_width="match_parent"
        android:layout_height="wrap_content" >
        <Button
            android:id="@+id/button1"
            android:layout_width="wrap_content"
            android:layout_height="wrap_content"
            android:text="按键 1" />
        <Button
            android:id="@+id/button2"
            android:layout_width="wrap_content"
            android:layout_height="wrap_content"
            android:text="按键 2" />
        <Button
            android:id="@+id/button3"
            android:layout_width="wrap_content"
            android:layout_height="wrap_content"
            android:text="按键 3" />
        <Button
            android:id="@+id/button4"
            android:layout_width="wrap_content"
            android:layout_height="wrap_content"
            android:text="按键 4" />
    </LinearLayout>
```

在这里还嵌套了一个相对布局，在相对布局里又嵌套了一个帧布局。

```xml
<!--
    这里嵌套了一个相对布局
-->
<RelativeLayout
    android:layout_width="match_parent"
    android:layout_height="match_parent" >
    <!--
        在相对布局里又嵌套了一个框架布局
    -->
    <FrameLayout
        android:id="@+id/frameLayout1"
        android:layout_width="wrap_content"
        android:layout_height="wrap_content"
        android:layout_centerHorizontal="true"
        android:layout_centerVertical="true" >

        <ImageView
            android:id="@+id/imageView1"
            android:layout_width="wrap_content"
            android:layout_height="wrap_content"
            android:src="@drawable/yct" />
    </FrameLayout>
    <TextView
        android:id="@+id/textView1"
        android:layout_width="wrap_content"
        android:layout_height="wrap_content"
        android:layout_alignParentLeft="true"
        android:layout_centerVertical="true"
        android:text="左边对齐" />
    <TextView
        android:id="@+id/textView2"
        android:layout_width="wrap_content"
        android:layout_height="wrap_content"
        android:layout_alignParentRight="true"
        android:layout_centerVertical="true"
        android:text="右边对齐" />
    <TextView
        android:id="@+id/textView3"
        android:layout_width="wrap_content"
        android:layout_height="wrap_content"
        android:layout_alignParentBottom="true"
        android:layout_centerHorizontal="true"
        android:text="下边对齐" />
```

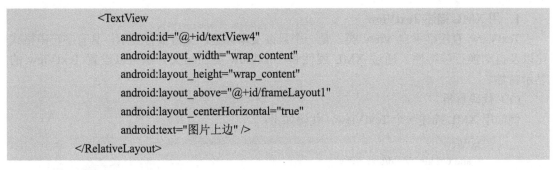

```
        <TextView
            android:id="@+id/textView4"
            android:layout_width="wrap_content"
            android:layout_height="wrap_content"
            android:layout_above="@+id/frameLayout1"
            android:layout_centerHorizontal="true"
            android:text="图片上边" />

    </RelativeLayout>
```

2．运行效果

嵌套布局运行效果如图 4-28 所示。

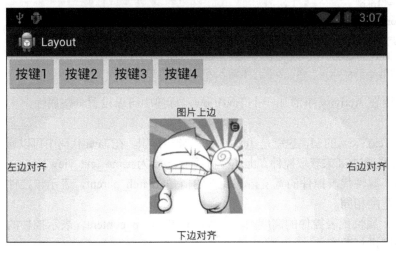

约束布局

图 4-28　嵌套布局运行效果

4.4　项目 4　经典界面控件

本项目主要通过介绍 Android 界面控件的基础知识，使读者掌握 TextView、Button、EditText、CheckBox、ImageButton 控件的开发与实现。

4.4.1　控件简介

4.4.1　控件简介

Android 界面布局可以看作是用来装载显示信息的组件，并能够使信息按照要求进行排列显示的容器，但是仅有布局还是不够的，真正用来加载信息的是控件。本项目就来认识一下 Android 中的一些经典的界面控件。

4.4.2　TextView 控件

4.4.2　TextView 控件

TextView 是用来显示一段文本的控件。可以对其进行编辑，也可以修改文本内容、字体大小、字体颜色等。这些属性可以通过 XML 文件来定义，也可以在代码中进行修改。

1. 用 XML 描述 TextView

TextView 直接继承自 View 类，是一个只读文本标签，支持多行显示，具有字符串格式化以及自动换行等特性。通过 XML 属性和 TextView 类的相关方法可以设置 TextView 的显示特性。

（1）代码解析

例如用 XML 描述一个 TextView，代码如下：

```
<TextView
    android:id="@+id/text_view"
    android:layout_width="fill_parent"
    android:layout_height="wrap_content"
    android:textSize="16sp"
    android:textColor="#ffffff"
    android:padding="10dip"
    android:background="#cc0000"
    android:text="这里是 TextView，你可以在这里输入需要显示的文字信息。" />
```

标签<TextView/>代表要在 Activity 中添加一个 TextView，标签中可以设置一些属性。

（2）TextView 属性

- android:id 属性代表 TextView 的 id，也就是 TextView 的唯一标识，在 Java 代码中可以通过 findViewById()方法通过 id 来获取控件。上述控件的唯一 id 为 name_text_view。
- android:layout_width 属性代表控件的宽度，该属性的值是 match_parent，表示该控件的宽度与父视图的宽度相同。
- android:layout_height 属性代表控件的高度，该属性的值是 wrap_content，表示控件的高度根据内容的高度进行改变。
- android:textSize 属性代表 TextView 中文字的大小。
- android:textColor 属性代表 TextView 中文字的颜色，#000000 表示黑色。
- android:text 属性代表 TextView 显示的文字。

2. Java 类中设置 TextView

在 Java 类中可以修改这些属性，也就是在 Activity 中获取上述控件。下方的代码就是使用 findViewById()方法通过 id 获取上述控件，并获取 TextView 中的值以及设置 TextView 中的值。

```
// findViewById 函数通过控件 id 来寻找控件，这个函数所要找的控件是当前界面里的
    // 控件，如果当前界面没有这个控件就返回 null
    TextView text = (TextView) findViewById(R.id.text_view);
    text.setText("这是修改后的文本。");
    // Color 是一个颜色类。Color.rgb(0, 0, 0)是一个红为 0，绿为 0，蓝为 0 的颜色，也就是黑色。
    text.setTextColor(Color.rgb(0, 0, 0));
    text.setTextSize(20);
```

首先通过控件的 id 来找到控件，然后就可以对控件进行操作了。setText 函数对应着 android:text，setTextColor 对应着 android:textColor，而 setTextSize 则是对应着 android:textSize。

3. 运行效果

TextView 控件运行效果如图 4-29 所示。

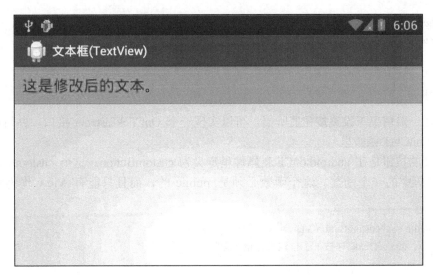

图 4-29 TextView 控件运行效果

4.4.3 Button 控件

4.4.3 Button
控件

Button 代表一个按钮控件。可以按下按钮，或者单击按钮，同时还可以执行一个用户操作。在执行用户操作前要设置按钮的单击监听器。当发生了单击按钮事件时监听器就会执行用户的操作。具体的 XML 代码如下：

```
<Button
    android:id="@+id/button1"
    android:layout_width="wrap_content"
    android:layout_height="wrap_content"
    android:text="系统默认按键" />
```

有些时候如果不想使用系统自带的按钮背景，可以使用自定义背景。这时可以通过 android:background 属性来修改。在 XML 文件里甚至可以通过 android:onClick 属性设置按钮的单击事件。

```
<Button
    android:id="@+id/button2"
    android:layout_width="wrap_content"
    android:layout_height="wrap_content"
    android:background="@drawable/button_bg"
    android:onClick="customButton"
    android:text="自定义背景按键" />
```

在 Activity 的类中也是使用 findViewById 来通过 id 获取该按钮，然后为按钮绑定单击事件。无论是在 Java 代码中设置监听器，还是在 XML 设置单击事件，都要在 Java 代码中实现这个用户操作。

```
Button button = (Button) findViewById(R.id.button1);
button.setOnClickListener(new OnClickListener() {
```

```
@Override
public void onClick(View v) {
    text.setText("你按下了系统默认按键");
    }
});
```

这是在一般情况下设置按钮监听器，可以实现一个 OnClickListener 接口，并将用户操作的实现写在onClick 函数里。

自定义的按钮是在 android:onClick 属性里定义为 customButton。这个 customButton 是指向 Java 代码中的一个函数。这个函数必须是 public 的，而且只能有 View 作为它的唯一参数。

```
public void customButton(View v) {
    text.setText("你按下了自定义背景按键");
}
```

这个按钮的背景 android:background 属性定义成了 @drawable/button_bg。表示要以 drawable 这一类资源里的 button_bg 资源作为背景。这里需要说明的是 drawable 类资源是指在 res 文件夹下的以 drawable 为前缀的文件夹下的所有文件。所以@drawable/button_bg 在这里是指"res\drawable\button_bg.xml"文件。在这个文件里定义了一个 selector，该 selector 会指定控件在不同状态下的图片。下面的 selector 就定义了控件被按下与被松开状态时的图片。

```
<?xml version="1.0" encoding="utf-8"?>
<selector xmlns:android="http://schemas.android.com/apk/res/android" >
    <!--
    当控件被按下时定义了要显示的图片
    -->
    <item
        android:state_pressed="true"
        android:drawable="@drawable/button_bg_down" />
    <!--
    定义了控件没有被按下时的要显示的图片
    -->
    <item
        android:state_pressed="false"
        android:drawable="@drawable/button_bg_up" />
</selector>
```

1）Button 常用属性设置。

● android:background：设置 Button 的背景颜色。

● android:textColor：设置 Button 的文字颜色。

● android:textStyle：设置 Button 的文字格式，italic 为斜体，bold 为粗体。

● android:background：设置 Button 的背景图片。

2）Button 事件监听器方法。

● mButton.setOnClickListener()：单击事件监听器。

● mButton.setOnTouchListener()：触摸事件监听器。

- mButton.setOnFocusChangeListener()：焦点状态改变事件监听器。
- mButton.setOnKeyListener()：按键事件监听器。
- mButton.setOnLongClickListener()：长按事件监听器。

3）Button 按钮图文混排。

在 XML 文件中，想要实现图片环绕文字的效果，可以通过设置以下 4 个属性来实现。

- android:drawableTop：设置文字上方显示的图片。
- android:drawableBottom：设置文字下方显示的图片。
- android:drawableLeft：显示文字左边显示的图片。
- android:drawableRight：显示文字右边显示的图片。

Button 控件运行效果如图 4-30 所示。

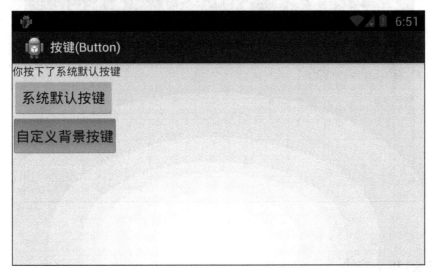

图 4-30　Button 控件运行效果

4.4.4　EditText 控件

EditText 控件继承自 android.widget.TextView，在 android.widget 包中。EditText 为输入框，是编辑文本控件，主要功能是让用户输入文本的内容。它是可编辑的，用来输入和编辑字符串。与 TextView 一样，EditText 控件的使用方法也有两种：一种是在程序中创建控件的对象方式来使用 EditText 控件；另外一种是在 res/layout 文件下的 XML 文件中描述控件，程序中使用 EditText 控件。

EditText 是文本输入框，也就是编辑框。通过编辑框可以将一些信息输入到应用中，然后再让应用处理。最常用到的就是用户名与密码的输入。例如用 XML 描述一个 EditText。

- android:hint 属性是提示内容。当编辑框里没有任何内容时就会显示这个内容。
- android:inputType 是设置输入的类型。
- android:maxLength 是设置输入最大长度。当超过 10 个长度后将不再接受输入。
- android:singleLine 是表明是否为单行。在 Java 代码里可以通过 edit.getText().toString()来获取输入框里的内容。

代码解析：

```
<EditText
        android:id="@+id/edit_text"
        android:layout_width="fill_parent"
        android:layout_height="wrap_content"
        android:hint="这里可以输入文字"
        android:inputType="text"
        android:maxLength="10"
        android:singleLine="true" />
```

EditText 控件运行效果如图 4-31 所示。

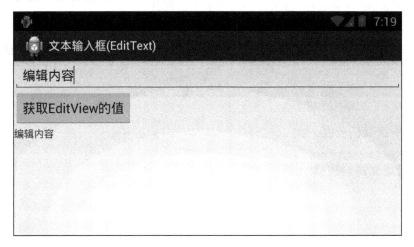

图 4-31　EditText 控件运行效果

4.4.5　CheckBox 控件

CheckBox 是复选框控件，即用户可任意选择多个选项。CheckBox 是可以选择 0 个或多个的选择按键。CheckBox 也是一个按钮，但是只有两种状态：选中和没选中。同时它所监听的事件也与 Button 的不一样。可以通过 android:checked 的属性来设置 CheckBox 的选中情况。在 Java 代码中通过 setChecked 函数来设置其选中情况。

- CheckBox.setChecked(true)将选项设置为选中状态。
- CheckBox.isChecked()获取选项的选中状态。
- CheckBox.setOnCheckedChangeListener()设置选中状态改变的事件监听。

在 XML 中实现 CheckBox 代码如下：

```
<CheckBox
        android:id="@+id/plain_cb"
        android:text="Plain"
        android:layout_width="wrap_content"
        android:layout_height="wrap_content" />
<!--
        android:typeface 用于设置文本字体
-->
<CheckBox
```

```
    android:id="@+id/serif_cb"
    android:text="Serif"
    android:layout_width="wrap_content"
    android:layout_height="wrap_content"
    android:typeface="serif" />
    <!--
      android:textStyle 用于设置文字样式，有 3 种：normal：常规，bold：粗体，italic：斜体
-->
<CheckBox
    android:id="@+id/bold_cb"
    android:layout_width="wrap_content"
    android:layout_height="wrap_content"
    android:text="Bold"
    android:textStyle="bold" />

<CheckBox
    android:id="@+id/italic_cb"
    android:layout_width="wrap_content"
    android:layout_height="wrap_content"
    android:checked="true"
    android:text="Italic"
    android:textStyle="italic" />
<Button android:id="@+id/get_view_button"
    android:layout_width="wrap_content"
     android:layout_height="wrap_content"
     android:text="获取 CheckBox 的值" />
<TextView
    android:id="@+id/show_view_text"
    android:layout_width="wrap_content"
    android:layout_height="wrap_content"
    android:text="这里显示获取到的 CheckBox 的值" />
```

在 Java 代码中需要设置状态监听器来监听 CheckBox 的状态改变。

```
plain_cb = (CheckBox) findViewById(R.id.plain_cb);
        serif_cb = (CheckBox) findViewById(R.id.serif_cb);
        bold_cb = (CheckBox) findViewById(R.id.bold_cb);
        italic_cb = (CheckBox) findViewById(R.id.italic_cb);
        text = (TextView) findViewById(R.id.show_view_text);
        Button button = (Button) findViewById(R.id.get_view_button);
        button.setOnClickListener(get_view_button_listener);

        plain_cb.setChecked(true);
        // 设置监听器
        bold_cb.setOnCheckedChangeListener(new OnCheckedChangeListener() {
            @Override
            public void onCheckedChanged(CompoundButton buttonView,
```

```
                                       boolean isChecked) {
                    textType ^= Typeface.BOLD;
                    // 设置文本框的字体样式，这里会设置 android:fontFamily
                    // android:typeface 和 android:textStyle 的属性.
                    text.setTypeface(Typeface.defaultFromStyle(textType));
                }
            });
            italic_cb.setOnCheckedChangeListener(new OnCheckedChangeListener() {
                @Override
                public void onCheckedChanged(CompoundButton buttonView,
                                             boolean isChecked) {
                    textType ^= Typeface.ITALIC;
                    text.setTypeface(Typeface.defaultFromStyle(textType));
                }
            });
```

CheckBox 控件运行效果如图 4-32 所示。

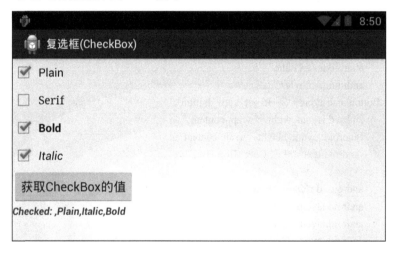

图 4-32 CheckBox 控件运行效果

4.4.6 ImageButton 控件

4.4.6 Image
View 和 Image
Button 控件

ImageButton 是实现显示图像功能的控件按钮，既可以显示
图片又可以作为 Button 使用。ImageButton 有着 ImageView 与 Button 的属性，它可以像
Button 一样当发生单击事件时去执行一段用户操作，不过 Button 显示的是一段文字，而
ImageButton 显示的则是一张图片。它也可以像 ImageView 一样定义图片的来源。在默认情
况下，ImageButton 与 Button 具有一样的背景色，当按钮处于不同的状态时，背景色会发生
变化，一般将 ImageButton 控件背景色设置为图片或者透明，以避免控件显示的图片不能完
全覆盖背景色时，影响显示效果。下面通过例子说明在 XML 中使用 ImageButton 控件。

```
    <ImageButton
        android:id="@+id/imagebutton"
```

```
                          android:src="@drawable/play"
                          android:layout_width="wrap_content"
                          android:layout_height="wrap_content" />
```

与 Button 一样，想要执行用户操作就要设置监听事件，并实现 OnClickListener 接口和
onClick 函数。CheckBox 利用 setImageResource()函数将新加入的 png 文件 R.drawable.play 和
R.drawable.pause 传递给 ImageButton。

```java
final ImageButton ibutton = (ImageButton) findViewById(R.id.imagebutton);
        // 设置单击事件的监听事件
        ibutton.setOnClickListener(new OnClickListener() {
                private int state = 0;
                @Override
                public void onClick(View v) {
                        state++;
                        // 修改图片源
                        if(state % 2 == 0)
                                ibutton.setImageResource(R.drawable.play);
                        else
                                ibutton.setImageResource(R.drawable.pause);
                }
        });
```

ImageButton 控件运行效果如图 4-33 所示。

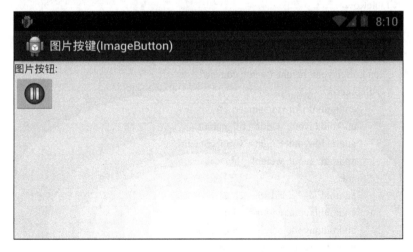

图 4-33   ImageButton 控件运行效果

4.5   项目 5   其他界面控件与视图

4.5.1   Spinner 控件

Spinner 下拉框，也就是下拉列表，可以节省屏幕的空间。当单击控件时会出现一些选

项，这些选项都在一个下拉列表里。下拉列表里的所有选项都来自一个与这个控件相连的适配器。不同的适配器可呈现不同效果的 Spinner。

XML 代码如下：

```xml
<!-- 这里用了 TableLayout 的布局 -->
<TableLayout xmlns:android="http://schemas.android.com/apk/res/android"
    android:layout_width="fill_parent"
    android:layout_height="fill_parent" >


    <!-- 第一行有两个 TextView-->
    <TableRow
        android:layout_width="wrap_content"
        android:layout_height="wrap_content" >
        <TextView
            android:layout_width="match_parent"
            android:layout_height="wrap_content"
            android:layout_weight="1"
            android:text="Spinner1:普通的下拉框" />
        <TextView
            android:layout_width="match_parent"
            android:layout_height="wrap_content"
            android:layout_weight="1"
            android:text="Spinner2 从资源文件中构造的下拉框 " />
    </TableRow>
    <!-- 第二行有两个 Spinner，对应第一行的两个 TextView -->
    <TableRow
        android:layout_width="wrap_content"
        android:layout_height="wrap_content" >
        <Spinner
            android:id="@+id/spinner_1"
            android:layout_width="fill_parent"
            android:layout_height="wrap_content"
            android:layout_weight="1" />
        <Spinner
            android:id="@+id/spinner_2"
            android:layout_width="fill_parent"
            android:layout_height="wrap_content"
            android:layout_weight="1" />
    </TableRow>
    <!-- 第三行有两个 LinearLayout -->
    <TableRow
        android:layout_width="wrap_content"
        android:layout_height="wrap_content" >
        <LinearLayout
            android:layout_width="wrap_content"
            android:layout_height="wrap_content"
```

```
                android:layout_weight="1"
                android:orientation="vertical" >
            <TextView
                    android:layout_width="wrap_content"
                    android:layout_height="wrap_content"
                    android:layout_weight="1"
                    android:text="Spinner3 可动态修改的下拉框" />
            <Spinner
                    android:id="@+id/spinner_3"
                    android:layout_width="fill_parent"
                    android:layout_height="wrap_content" />
        </LinearLayout>
        <LinearLayout
                android:layout_width="wrap_content"
                android:layout_height="wrap_content"
                android:layout_weight="1" >
            <EditText
                    android:id="@+id/editText"
                    android:layout_width="wrap_content"
                    android:layout_height="wrap_content"
                    android:layout_weight="1"
                    android:inputType="text"
                    android:singleLine="true" />
            <Button
                    android:id="@+id/button_add"
                    android:layout_width="wrap_content"
                    android:layout_height="wrap_content"
                    android:text="添加" />
            <Button
                    android:id="@+id/button_delete"
                    android:layout_width="wrap_content"
                    android:layout_height="wrap_content"
                    android:text="删除" />
        </LinearLayout>
    </TableRow>
    <TextView
            android:id="@+id/show_spinner_view"
            android:layout_width="wrap_content"
            android:layout_height="wrap_content"
            android:text="这里显示下拉框选中的选项" />
</TableLayout>
```

Java 代码如下：

```
// 下拉框 1 的初始化，这里用的是静态数组 spinner1List，这个下拉框不能动态修改
    private void initSpinner1() {
        Spinner spinner = (Spinner) findViewById(R.id.spinner_1);
```

```
        ArrayAdapter<String> adapter = new ArrayAdapter<String>(this,
                android.R.layout.simple_spinner_item, spinner1List);
        adapter.setDropDownViewResource(android.R.layout.simple_spinner_dropdown_item);
        spinner.setAdapter(adapter);
        // 注册选项改变时的监听器，当选择了不同的选项就会触发
        spinner.setOnItemSelectedListener(this);
}

// 下拉框 2 的初始化，这里用的资源文件里的数组，这个也是静态数组，这个下拉框不能
// 动态修改
private void initSpinner2() {
        Spinner spinner = (Spinner) findViewById(R.id.spinner_2);
        ArrayAdapter<CharSequence> adapter = ArrayAdapter.createFromResource(
                this, R.array.countries, android.R.layout.simple_spinner_item);
        adapter.setDropDownViewResource(android.R.layout.simple_spinner_dropdown_item);
        spinner.setAdapter(adapter);
        spinner.setOnItemSelectedListener(this);
}

// 下拉框 3 的初始化，这里用的是动态数组 spinner1List，这个下拉框可以被动态修改
private void initSpinner3() {
        Spinner spinner = (Spinner) findViewById(R.id.spinner_3);
        spinner3List = new ArrayList<String>();
        spinner3Adapter = new ArrayAdapter<String>(this,
                android.R.layout.simple_spinner_item, spinner3List);
        spinner3Adapter.setDropDownViewResource(
                android.R.layout.simple_spinner_dropdown_item);
        spinner.setAdapter(spinner3Adapter);
        spinner.setOnItemSelectedListener(this);

        // 添加按键，将输入框里的内容添加到下拉框 3 的选项中
        Button button = (Button) findViewById(R.id.button_add);
        button.setOnClickListener(new OnClickListener() {
                @Override
                public void onClick(View v) {
                        EditText edit = (EditText) findViewById(R.id.editText);
                        String str = edit.getText().toString();
                        spinner3Adapter.add(str);
                }
        });

        // 删除按键，将下拉框中的第一个选项删除
        button = (Button) findViewById(R.id.button_delete);
        button.setOnClickListencr(new OnClickListener() {
                @Override
                public void onClick(View v) {
```

```
                    if(spinner3Adapter.getCount() <= 0)
                        return ;

                    String str = spinner3Adapter.getItem(0);
                    spinner3Adapter.remove(str);
                }
            });
```

　　这里定义了 3 个下拉列表，前面两个下拉列表是静态不能改变的，而第三个下拉列表是动态可以改变的。这个取决于在构造适配器时传进去的是不是一个动态数组。同时也可以通过修改适配器里的布局参数来修改下拉列表的选项风格。

　　Spinner 控件运行效果如图 4-34 所示。

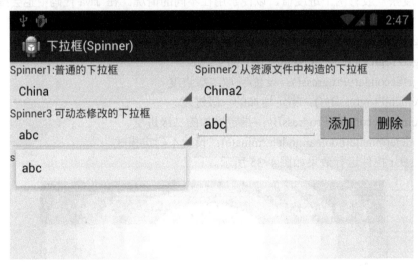

图 4-34　Spinner 控件运行效果

4.5.2　ProgressBar 控件

　　当一个应用在后台执行时，前台界面没有相应信息。这时用户不知道程序是否在执行，执行的进度如何，有没有发生什么错误等。这时就需要进度条来提示后台程序执行的进度。

　　Android 提供两大类的进度条样式：长形进度条（progressBarStyleHorizontal）和圆形进度条（progressBarStyleLarge）。圆形进度条也就是等待进度条，因为无法确定程序的执行进度，也无法确定程序在何时运行完成，所以只能显示程序还在运行。

　　代码解析：

```
    <!-- 默认的进度条为不确定的进度条，也就是圆形进度条 -->
    <ProgressBar
        android:id="@+id/progress_bar"
        android:layout_width="wrap_content"
        android:layout_height="wrap_content"/>
    <!--
        水平进度条，通过 style="?android:attr/progressBarStyleHorizontal"来设置
```

```
                android:max  设置进度条的范围的上限
                android:progress  设置一级进度值
                android:secondaryProgress  设置二级值
        -->
        <ProgressBar android:id="@+id/progress_horizontal"
                style="?android:attr/progressBarStyleHorizontal"
                android:layout_width="200dip"
                android:layout_height="wrap_content"
                android:max="100"
                android:progress="50"
                android:secondaryProgress="75" />
```

条形进度条一般有两个进度值，以便于用在不同的情况。在 Java 代码中也会提供一些函数来使用。

- set/getMax()：设置/获取这个进度条的范围的上限。
- set/getProgress()：设置/获取一级进度。
- set/getSecondaryProgress()：设置/获取二级进度。
- incrementProgressBy()：指定增加的一级进度。
- incrementSecondaryProgressBy：指定增加的二级进度。
- setIndeterminate(boolean indeterminate)：设置不确定模式。

ProgressBar 控件运行效果如图 4-35 所示。

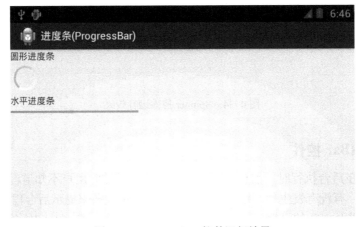

图 4-35　ProgressBar 控件运行效果

4.5.3　RatingBar 控件

RatingBar 继承自 SeekBar 与 ProgressBar，通过点亮五角星的数量来显示评分。用户可通过触摸拖动或方向键来修改评分。但是风格为 ratingBarStyleSmall 的小型评分条与风格为 ratingBarStyleIndicator 的提示评分条是不支持用户输入的，它们只是作为评分的提示器。

- android:numStars：设置五角星数，也就是最大分值。
- android:rating：设置起始分数。

```
        <RatingBar android:id="@+id/ratingbar1"
```

```
        android:layout_width="wrap_content"
        android:layout_height="wrap_content"
        android:numStars="5"
        android:rating="2.5" />
```

通过 style 属性可以修改评分条的风格，由于 style="?android:attr/ratingBarStyleIndicator" 这个风格，导致该评分条用于指示。但是可以通过 android:isIndicator="false"使其不再做指示用。

```
    <RatingBar
        android:id="@+id/small_ratingbar"
        style="?android:attr/ratingBarStyleSmall"
        android:layout_width="wrap_content"
        android:layout_height="wrap_content"
        android:layout_gravity="center_vertical"
        android:layout_marginLeft="5dip"
        android:numStars="5" />
```

在 Java 代码中要实现拖动条的监听器。

```
RatingBar rating = (RatingBar) findViewById(R.id.ratingbar1);
        rating.setRating(0);
        rating.setOnRatingBarChangeListener(new OnRatingBarChangeListener() {
            @Override
            public void onRatingChanged(RatingBar ratingBar, float rating,
                    boolean fromUser) {
                RatingBar ratingSmall = (RatingBar) findViewById(R.id.small_ratingbar);
                RatingBar ratingIndicator = (RatingBar) findViewById(R.id.indicator_ratingbar);
                TextView text = (TextView) findViewById(R.id.text_rating);

                text.setText("受欢迎度:" + rating);
                ratingSmall.setRating(rating);
                ratingIndicator.setRating(rating);
            }
        });
```

RatingBar 控件运行效果如图 4-36 所示。

图 4-36　RatingBar 控件运行效果

4.5.4 ScrollView 视图

ScrollView 可以通过拖动来显示屏幕的内容。当屏幕要显示的内容超出了屏幕的大小，那这时就需要一个滚动条来让用户拖动显示内容。滚动条有两类：一类是水平滚动条（Horizontal Scroll View）；另一类是垂直滚动条（ScrollView）。由于 ScrollView 继承自 FrameLayout，所以 ScrollView 里只能有一个元素，但这个元素可以是一个布局，通常这个布局为 LinearLayout。

1．水平滚动布局

水平滚动布局代码如下：

```
<HorizontalScrollView
    android:id="@+id/HorizontalScrollView1"
    android:layout_width="match_parent"
    android:layout_height="wrap_content" >
    <LinearLayout
        android:layout_width="match_parent"
        android:layout_height="match_parent"
        android:orientation="horizontal" >
        <ImageView
            android:id="@+id/imageView1"
            android:layout_width="wrap_content"
            android:layout_height="wrap_content"
            android:src="@drawable/yct1" />
        <ImageView
            android:id="@+id/imageView2"
            android:layout_width="wrap_content"
            android:layout_height="wrap_content"
            android:src="@drawable/yct2" />
        <ImageView
            android:id="@+id/imageView3"
            android:layout_width="wrap_content"
            android:layout_height="wrap_content"
            android:src="@drawable/yct3" />
        <ImageView
            android:id="@+id/imageView4"
            android:layout_width="wrap_content"
            android:layout_height="wrap_content"
            android:src="@drawable/yct4" />
        <ImageView
            android:id="@+id/imageView5"
            android:layout_width="wrap_content"
            android:layout_height="wrap_content"
            android:src="@drawable/yct5" />
        <ImageView
            android:id="@+id/imageView11"
            android:layout_width="wrap_content"
```

```
        android:layout_height="wrap_content"
        android:src="@drawable/yct1" />
<ImageView
        android:id="@+id/imageView12"
        android:layout_width="wrap_content"
        android:layout_height="wrap_content"
        android:src="@drawable/yct2" />
<ImageView
        android:id="@+id/imageView13"
        android:layout_width="wrap_content"
        android:layout_height="wrap_content"
        android:src="@drawable/yct3" />
<ImageView
        android:id="@+id/imageView14"
        android:layout_width="wrap_content"
        android:layout_height="wrap_content"
        android:src="@drawable/yct4" />
<ImageView
        android:id="@+id/imageView15"
        android:layout_width="wrap_content"
        android:layout_height="wrap_content"
        android:src="@drawable/yct5" />
<ImageView
        android:id="@+id/imageView21"
        android:layout_width="wrap_content"
        android:layout_height="wrap_content"
        android:src="@drawable/yct1" />
<ImageView
        android:id="@+id/imageView22"
        android:layout_width="wrap_content"
        android:layout_height="wrap_content"
        android:src="@drawable/yct2" />
<ImageView
        android:id="@+id/imageView23"
        android:layout_width="wrap_content"
        android:layout_height="wrap_content"
        android:src="@drawable/yct3" />
<ImageView
        android:id="@+id/imageView24"
        android:layout_width="wrap_content"
        android:layout_height="wrap_content"
        android:src="@drawable/yct4" />
<ImageView
        android:id="@+id/imageView25"
        android:layout_width="wrap_content"
        android:layout_height="wrap_content"
```

```
                    android:src="@drawable/yct5" />
            </LinearLayout>
        </HorizontalScrollView>
```

2. 垂直滚动布局

垂直滚动布局代码如下：

```
    <ScrollView
            android:id="@+id/scrollView1"
            android:layout_width="match_parent"
            android:layout_height="wrap_content" >
            <LinearLayout
                android:layout_width="match_parent"
                android:layout_height="match_parent"
                android:gravity="center_horizontal|center_vertical"
                android:orientation="vertical" >
                <ImageView
                    android:id="@+id/imageView6"
                    android:layout_width="wrap_content"
                    android:layout_height="wrap_content"
                    android:src="@drawable/yct1" />
                <ImageView
                    android:id="@+id/imageView7"
                    android:layout_width="wrap_content"
                    android:layout_height="wrap_content"
                    android:src="@drawable/yct2" />
                <ImageView
                    android:id="@+id/imageView8"
                    android:layout_width="wrap_content"
                    android:layout_height="wrap_content"
                    android:src="@drawable/yct3" />
                <ImageView
                    android:id="@+id/imageView9"
                    android:layout_width="wrap_content"
                    android:layout_height="wrap_content"
                    android:src="@drawable/yct4" />
                <ImageView
                    android:id="@+id/imageView10"
                    android:layout_width="wrap_content"
                    android:layout_height="wrap_content"
                    android:src="@drawable/yct5" />
                <ImageView
                    android:id="@+id/imageView16"
                    android:layout_width="wrap_content"
                    android:layout_height="wrap_content"
                    android:src="@drawable/yct1" />
                <ImageView
```

```
                android:id="@+id/imageView17"
                android:layout_width="wrap_content"
                android:layout_height="wrap_content"
                android:src="@drawable/yct2" />
            <ImageView
                android:id="@+id/imageView18"
                android:layout_width="wrap_content"
                android:layout_height="wrap_content"
                android:src="@drawable/yct3" />
            <ImageView
                android:id="@+id/imageView19"
                android:layout_width="wrap_content"
                android:layout_height="wrap_content"
                android:src="@drawable/yct4" />
            <ImageView
                android:id="@+id/imageView20"
                android:layout_width="wrap_content"
                android:layout_height="wrap_content"
                android:src="@drawable/yct5" />
        </LinearLayout>
    </ScrollView>
```

ScrollView 视图运行效果如图 4-37 所示。

图 4-37　ScrollView 视图运行效果

4.5.5　GridView 视图

GridView 是网格视图，它的元素排列方式与二维矩阵相似，是以行和列的方式排列，与表格布局相似。但 GridView 里的元素都是来自一个继承于 BasedAdapter 的适配器，同时还需要一个监听器来监听元素被选择的事件，也可以通过 XML 布局文件来定义 GridView 的属性。

- android:columnWidth 属性是设置列的宽度。
- android:numColumns 属性是设置列数，这里是用 auto_fit 代表自动适应。
- android:horizontalSpacing 属性是设置水平方向上每个控件的间隔。
- android:verticalSpacing 属性是设置垂直方向上每个控件的间隔。
- android:gravity 属性是设置它包含的元素的布局位置，center 表示正中间。

```xml
<GridView xmlns:android="http://schemas.android.com/apk/res/android"
    android:id="@+id/grid_view"
    android:layout_width="fill_parent"
    android:layout_height="fill_parent"
    android:columnWidth="120dp"
    android:gravity="center"
    android:horizontalSpacing="10dp"
    android:numColumns="auto_fit"
    android:stretchMode="columnWidth"
    android:verticalSpacing="10dp" />
```

在 Java 文件里需要自定义一个适配器，这个适配器继承自 BaseAdapter。

```java
public class ImageAdapter extends BaseAdapter {

    // 图片资源 ID
    private Integer[] mThumbIds = {
            R.drawable.yct1, R.drawable.yct2,
            R.drawable.yct3, R.drawable.yct4,
            R.drawable.yct5, R.drawable.yct1,
            R.drawable.yct2, R.drawable.yct3,
            R.drawable.yct4, R.drawable.yct5 };
    private Context mContext;

    public ImageAdapter(Context c) {
        mContext = c;
    }

    @Override
    public int getCount() {
        return mThumbIds.length;
    }
    @Override
    public Object getItem(int position) {
        return null;
    }
    @Override
    public long getItemId(int position) {
        return 0;
    }
    // 这里构建图片
```

```
@Override
public View getView(int position, View convertView, ViewGroup parent) {
    ImageView imageView;
    if (convertView == null) {   // if it's not recycled, initialize some attributes
     imageView = new ImageView(mContext);
        // 设置图片的大小
        imageView.setLayoutParams(new GridView.LayoutParams(120, 120));
        // 设置图片的显示风格
        imageView.setScaleType(ImageView.ScaleType.CENTER_CROP);
        imageView.setPadding(5, 5, 5, 5);
    } else {
        imageView = (ImageView) convertView;
    }

    imageView.setImageResource(mThumbIds[position]);
    return imageView;
    }
}
```

在这个适配器类里要重写 4 个函数，有了这个适配器后就可以设置 GridView 了。

```
GridView gridview = (GridView) findViewById(R.id.grid_view);
gridview.setAdapter(new ImageAdapter(this));
```

GridView 视图运行效果如图 4-38 所示。

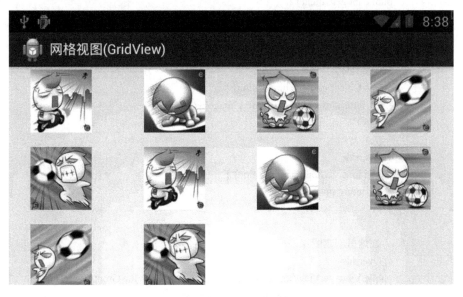

图 4-38　GridView 视图运行效果

4.5.6　Gallery 视图

Gallery 是画廊，是一种展示图片的控件。ImageSwitcher 也是展示图片的，但是 Gallery

与 ImageSwitcher 不一样。ImageSwitcher 一次只能显示一张图片，而且显示在同一位置上，而 Gallery 一次可以显示多张图片，并以水平滚动的方式来显示，与 HorizontalScrollView 类似。Gallery 里的元素与 GridView 类似要从一个继承于 BaseAdapter 的适配器里获取，可以通过 android:animationDuration 属性来设置滚动时间，通过 android:spacing 属性设置图片与图片之间的距离。当这个距离为负数时右边的图片覆盖在左边的图片上面。同时还可以监听 Gallery 的图片选中事件，被选中的图片会显示在 Gallery 的中间。

```java
/**
 * 图片适配器，继承自 BaseAdapter
 * @author Hong
 */
private class ImageAdapter extends BaseAdapter {
    private Context context;
    private int[] imageIds;

    public ImageAdapter(Context context, int[] imageIds) {
        this.context = context;
        this.imageIds = imageIds;
    }

    //要做成可循环显示的画廊需要这个函数返回一个充分大的数值
    // 对于整型来说 Integer.MAX_VALUE 是最大的
    @Override
    public int getCount() {
        return Integer.MAX_VALUE;
    }

    @Override
    public Object getItem(int position) {
        return imageIds[position % imageIds.length];
    }

    @Override
    public long getItemId(int position) {
        return position;
    }

    // 在这里创建图片
    @Override
    public View getView(int position, View convertView, ViewGroup parent) {
        ImageView i = new ImageView(context);
        i.setImageResource(imageIds[position % imageIds.length]);
        i.setLayoutParams(new Gallery.LayoutParams(120, 120));
        return i;
    }
}
```

上面是自定义的适配器，接下来就是设置适配器和监听事件。当图片被选中就将其放大。

```
// 图片资源 ID
int[] ids = {R.drawable.yct1, R.drawable.yct2,
        R.drawable.yct3, R.drawable.yct4, R.drawable.yct5};

Gallery gallery = (Gallery) findViewById(R.id.gallery);
gallery.setAdapter(new ImageAdapter(this, ids));
int pos = gallery.getCount() / 2 - (gallery.getCount() / 2) % ids.length;
// 设置初始位置
gallery.setSelection(pos);
// 设置监听器
gallery.setOnItemSelectedListener(new OnItemSelectedListener() {
    private View currentView = null;

    @Override
    public void onItemSelected(AdapterView<?> parent, View view,
            int position, long id) {
        // 当图片被选中时就将其放大，没被选中就缩小
        if(currentView != null)
            currentView.setLayoutParams(
                    new Gallery.LayoutParams(120, 120));
        view.setLayoutParams(new Gallery.LayoutParams(150, 150));
        currentView = view;
    }

    @Override
    public void onNothingSelected(AdapterView<?> parent) {}
});
```

Gallery 视图运行效果如图 4-39 所示。

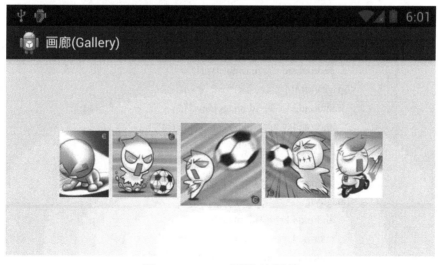

图 4-39　Gallery 视图运行效果

4.5.7 TabHost 视图

TabHost 可以提供标签来切换界面，与界面跳转不一样，界面跳转是进入到另一个 Activity，但 TabHost 的不同界面都是在同一个 Activity 里的，可以通过单击不同的标签（Tab）来更行切换界面。在 XML 布局文件里 TabHost 组件需要包含一个 ID 为@android:id/tabs 的 TabWidget 和一个 ID 为@android:id/tabcontent 的 FrameLayout。这两个 ID 都是系统 ID，为的就是让 TabHost 能够识别出来。FrameLayout 里存放的就是各个标签的视图，可以是任意视图。TabHost 的布局文件代码如下：

```xml
<TabHost
    android:id="@android:id/tabhost"
    android:layout_width="match_parent"
    android:layout_height="match_parent" >
    <LinearLayout
        android:layout_width="match_parent"
        android:layout_height="match_parent"
        android:orientation="vertical" >
        <TabWidget
            android:id="@android:id/tabs"
            android:layout_width="match_parent"
            android:layout_height="wrap_content" >
        </TabWidget>
        <!-- 这里包含了所有的标签界面 -->
        <FrameLayout
            android:id="@android:id/tabcontent"
            android:layout_width="match_parent"
            android:layout_height="match_parent" >
            <ImageView
                android:id="@+id/imageView1"
                android:layout_width="wrap_content"
                android:layout_height="wrap_content"
                android:layout_gravity="center"
                android:src="@drawable/yct1" />
            <ImageView
                android:id="@+id/imageView2"
                android:layout_width="wrap_content"
                android:layout_height="wrap_content"
                android:layout_gravity="center"
                android:src="@drawable/yct2" />
            <ImageView
                android:id="@+id/imageView3"
                android:layout_width="wrap_content"
                android:layout_height="wrap_content"
                android:layout_gravity="center"
```

```
                android:src="@drawable/yct3" />
            <ImageView
                android:id="@+id/imageView4"
                android:layout_width="wrap_content"
                android:layout_height="wrap_content"
                android:layout_gravity="center"
                android:src="@drawable/yct4" />
            <ImageView
                android:id="@+id/imageView5"
                android:layout_width="wrap_content"
                android:layout_height="wrap_content"
                android:layout_gravity="center"
                android:src="@drawable/yct5" />
        </FrameLayout>
    </LinearLayout>
</TabHost>
```

在 Java 中，还需要将 FrameLayout 里的视图添加到 TabHost 里，但是在添加标签前需要先调用 tabHost.setup()函数。

```
TabHost tabHost = (TabHost) findViewById(android.R.id.tabhost);
        tabHost.setup();

        tabHost.addTab(tabHost.newTabSpec("yct1")          // 添加一个标签
                .setIndicator("图片一")                      // 设置标签的标题
                .setContent(R.id.imageView1));              // 设置标签所要显示的界面

        tabHost.addTab(tabHost.newTabSpec("yct2")
                .setIndicator("图片二")
                .setContent(R.id.imageView2));

        tabHost.addTab(tabHost.newTabSpec("yct3")
                .setIndicator("图片三")
                .setContent(R.id.imageView3));

        tabHost.addTab(tabHost.newTabSpec("yct4")
                .setIndicator("图片四")
                .setContent(R.id.imageView4));

        tabHost.addTab(tabHost.newTabSpec("yct5")
                .setIndicator("图片五")
                .setContent(R.id.imageView5));
```

addTab 函数用来添加标签，这个函数只有一个参数 TabSpec，通过 tabHost.newTabSpec 函数来调用。TabSpec.setIndicator 用于设置显示在标签上的标签名。TabSpec.setContent 用于设置标签视图。

TabHost 视图运行效果如图 4-40 所示。

图 4-40　TabHost 视图运行效果

4.6　项目 6　Intent 和 Activity

4.6.1　Activity

4.6.1　Activity 的生命周期

当 Activity 在 Android 应用中运行时，它的活动状态是以 Activity 栈的形式来管理的。当前活动的 Activitry 位于栈顶，随着不同的应用运行，每个应用都可以从活动状态进入非活动状态，也可以从非活动状态进入活动状态。

1．Activity 的状态

归纳起来 Activity 大致会经过如下 4 个状态：

1）活动状态：当前 Activity 位于前台，用户可见，可以获得焦点。

2）暂停状态：其他 Activity 位于前台，该 Activity 依然可见，但是不能获得焦点。

3）停止状态：该 Activity 不可见，不能获得焦点。

4）销毁状态：该 Activity 结束，或 Activity 所在的 Dalvik 进程被结束。

2．回调函数

在 Activity 的生命周期中，不同的时期会有不同的回调函数。这些回调函数都是由系统回调。

- onCreate 函数：创建 Activity 时回调。
- onStart 函数：启动 Activity 时回调。
- onRestart 函数：重新启动 Activity 时回调。
- onResume 函数：恢复 Activity 时回调。
- onPause 函数：暂停 Activity 时回调。
- onStop 函数：停止 Activity 时回调。
- onDestroy 函数：销毁 Activity 时回调。

4.6.2 Intent 介绍

在 Android 系统中，每个应用程序通常都由多个界面组成，每个界面就是一个 Activity，在这些界面进行跳转时，实际上也就是 Activity 之间的跳转。跳转需要用到 Intent 组件，通过 Intent 可以开启新的 Activity 实现界面跳转。

Intent 被称为意图，是程序中各组件进行交互的一种重要方式，它不仅可以指定当前组件要执行的动作，还可以在不同组件之间进行数据传递。一般用于启动 Activity、Service 以及发送广播等。

根据开启目标组件的方式不同，Intent 被分为两种类型：显式意图和隐式意图。

1．显式意图

显式意图可以直接通过名称开启指定的目标组件，通过其构造方法 Intent(Context packageContext, Class<?>cls)来实现。

示例代码如下。

```
Intent intent = new Intent(MainActivity.this,Main2Activity.class);    // 创建 Intent 对象
startActivity(intent);                                                // 开启 Main2Activity
```

其中第 1 个参数为 Context 表示当前的 Activity 对象，使用 this 即可。第 2 个参数 Class 表示要启动的目标 Activity。

通过这个方法创建一个 Intent 对象，然后将该对象传递给 Activity 的 startActivity()方法即可启动目标组件。

2．隐式意图

隐式意图相比显式意图来说更为抽象，它并没有明确指定要开启哪个目标组件，而是先指定 Action 和 Category 等属性信息，系统根据这些信息进行分析，然后寻找目标 Activity。

Intent 的属性有动作（Action）、数据（Data）、分类（Category）、类型（Type）、组件（Compent）以及扩展（Extra）。最常用的 Action 主要有以下属性：

- Intent.ACTION_MAIN：应用程序入口。
- Intent.ACTION_SEND：发送短信、发送邮件等。
- Intent.ACTION_VIEW：显示数据给用户，如浏览网页、显示应用、寻找应用等。
- Intent.ACTION_WEB_SEARCH：从谷歌搜索内容。
- Intent.ACTION_DIAL：拨打电话。
- Intent.ACTION_PICK：打开联系人列表。

示例代码如下。

```
Uri uri =Uri.parse("http://www.baidu.com");          //新建 Uri 对象
Intent it = new Intent(Intent.ACTION_VIEW,uri);      //新建隐式意图，打开网页
startActivity (it);                                  //启动 Activity
```

4.6.3 新建 Activity 类

对于每一个新建的 Activity 类都必须要在 AndroidManifest.xml 文件设置才可以使用。不仅是 Activity，Service 与 BroadcastReceiver 等也是需要在 AndroidManifest.xml 文件里设置的。如果

新建的类是 Activity1，那么要在 AndroidManifest.xml 文件里的<application>元素里添加如下内容：

```
<activity android:name="Activity1"></activity>
```

4.6.4 Activity 间的普通跳转

在不同的 Activity 间跳转是 Activity 的最基本操作，也是可以让用户显示不同操作界面的方法。Activity 间的跳转有两种方式：一种是普通跳转；另一种是等待返回的跳转。普通跳转是通过 startActivity(Intent)函数来执行的。同时可以通过 Intent（意图）来携带参数传给将要跳转的 Activity。Java 代码如下：

```
// 带参数的界面跳转
Intent intent1 = new Intent(this, Activity1.class);
intent1.putExtra("text", "MainActivity 传来的参数：Hello Activity1!");
startActivity(intent1);
```

可以直接通过 intent1.putExtra 函数和一个键值来添加参数，也可以将参数放到一个 Bundle 里然后再通过 intent1.putExtras 函数添加 Bundle。在跳转后的 Activity 里通过 getIntent().getExtras()来获取所有参数的Bundle，然后再用相对应的键值获取参数。

```
// 获取参数，key 一定要和传过来的 key 相同
Bundle extras = getIntent().getExtras();
String text = extras.getString("text");
```

这个例程里是将得到的参数显示出来，Activity 间的普通跳转运行效果如图 4-41 所示。

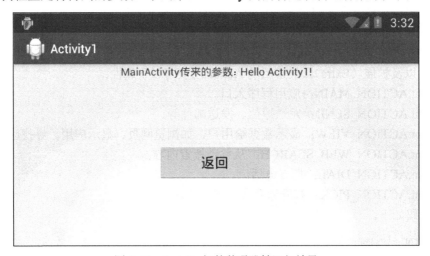

图 4-41 Activity 间的普通跳转运行效果

4.6.5 等待返回的 Activity 间的跳转

1. Activity 间的跳转

在很多情况下，Activity 并不是跳转到下一个界面就不再理会前一个界面了，而是跳转到下一个界面后还要回到前一个界面，同时还要得到下一个界面的操作结果，以便进入更多

的操作。这时就需要一个机制可以得到界面的返回值。在 Android 里，可以通过 startActivityForResult(Intent,int)函数来跳转 Activity，参数 1 是一个 Intent，参数 2 是一个 int 型的请求码。在跳转到不同的 Activity 时应该使用不同的请求码，因为在 Activity 返回时会有这个请求码，而这个请求码也是唯一识别 Activity 的数据。

2．进入新的 Activity

进入新的 Activity 后可以通过调用 setResult(int,Intent)函数来设置结果，参数 1 是返回结果值，参数 2 是返回意图，可以携带参数。需要注意的是这个函数不能在 onPause 函数、onStop 函数和 onDestroy 函数里调用，因为在这 3 个函数里 setResult 函数不能起作用。

跳转完后只需要重写 onActivityResult(int,int,Intent)函数就可以得到 Activity 的返回结果。在这个函数里有 3 个参数：参数 1 就是请求码，这个值与调用 startActivityForResult 函数传入的请求码是一样的，也是用于识别是哪个 Activity 的返回结果；参数 2 是返回结果值，这个值是由 setResult 函数设置的；参数 3 是一个 Intent，这个值也是由 setResult 函数设置的，可携带返回参数。

```
// 需要等待结果的界面跳转
                Intent intent2 = new Intent(this, Activity2.class);
                startActivityForResult(intent2, REQUEST_CODE);
Button back = (Button) findViewById(R.id.button_back1);
        back.setOnClickListener(new OnClickListener() {
            @Override
            public void onClick(View v) {
                // 结束当前界面，并返回到上一层界面
                finish();
            }
        });
// 只有通过 startActivityForResult 跳转的界面结束时才会有返回结果
    // 结果需要在 onActivityResult 函数上取得，结果返回来的参数在 Intent 中的 Bundle 里
    @Override
    protected void onActivityResult(int requestCode, int resultCode, Intent data) {
        // 由 requestCode 确定是由哪个界面返回的
        if (requestCode == REQUEST_CODE) {
            // 结果值，这个数值是由启动的界面在返回时设置的，如果不设置就默认为
            // RESULT_CANCEL
            if (resultCode == RESULT_OK) {
                String temp=null;
                Bundle extras = data.getExtras();
                if (extras != null)
                    temp = extras.getString("return");
                setTitle("Intent: " + temp);
            }
        }
    }
```

3．运行结果

在 Activity2 中输入一串字符，如图 4-42 所示。返回到 MainActivity 时就会看到返回的字

符串，如图 4-43 所示。

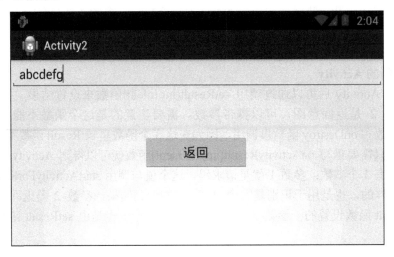

图 4-42　Activity2 里输入一串字符

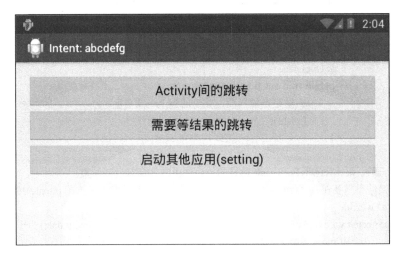

图 4-43　返回MainActivity看到返回的字符串

4.6.6　启动其他应用

在 Android 里，如果当前应用的界面不是要跳转的界面，可以通过 startActivity 函数和 Intent 来实现跳转。在 Android Manifest.xml 文件总会有一个<Activity>元素里会包含一个 <intent-filter>。而这个<intent-filter>会包含<action android:name="android.intent.action.MAIN" />，指明这个 Activity 是应用的主界面的 Activity，也就是这个应用的入口点。在 Android 里只有包含了这一句的 Activity 才可以被其他应用通过 startActivity 函数跳转。其他的 Activity 跳转都是非法的。

在一般情况下，<intent-filter>还会包含一个<category android:name= "android.intent.category. LAUNCHER" />，用于指明这个应用的启动器。在安装应用时系统会去检测应用里是否包含这句，并将这个 Activity 记录在系统内部。只有包含了这句，这个应用才会在系统的启动器里出现图标。

如果想要获取一个应用的启动意图，就需要用到 PackageManager 类。这个类是管理了所有的安装应用的类，通过它可以得到系统里所有的应用的详细情况。同样也可以通过 getLaunchIntentForPackage(String)函数得到某一个应用的启动 Activity 的意图，这个函数只有一个参数，这个参数是要启动的应用所有的包名，包名是定义在 AndroidManifest.xml 文件里的。系统的设置应用所在的包名是 com.android.settings，有了这些就可以启动设置应用了。

```
// 启动其他应用程序，通过 PackageManager 的应用程序的包来得到将要跳转的 Intent
PackageManager pm = getPackageManager();
// 这里要启动的是设置程序
Intent intent3 = pm.getLaunchIntentForPackage("com.android.settings");
startActivity(intent3);
```

启动其他应用运行效果如图 4-44 所示。

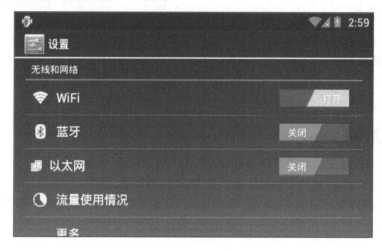

图 4-44　启动其他应用运行效果

 本章小结

本章主要介绍了嵌入式开发环境的搭建、安装并配置开发环境，展示如何使用 New Project Wizard 创建全新的 Hello Android 应用程序，讲解应用布局、经典界面控件、视图、Intent 和 Activity 的应用，为进入嵌入式应用程序开发拓展的学习打下基础。

 思考与习题

1. 请谈一谈 Android 中绝对布局和相对布局的区别。
2. Android 应用程序的 4 大组件是什么？
3. 请简要介绍 Intent 和 Activity 之间的定义和关系是什么。

第5章　嵌入式应用程序开发

本章通过嵌入式应用程序开发拓展讲解 Android Studio 集成开发环境平台开发嵌入式系统基础高级应用以及综合项目的实现。

5.1　项目 7　提示信息（Toast）

5.1　提示信息（Toast）

5.1.1　Toast 介绍

Toast 是 Android 提供的"快显信息"类。它是一个非常方便的提示信息框，可以在用户界面显示一个简单的提示信息，是一种提示用户的方式。Toast 具备如下特点：Toast 提示信息不会获得焦点；Toast 提示信息过一会就会自动消失和 Notification 不一样，Toast 是作为 Android 的 Widget 存在的。

5.1.2　系统默认的 Toast

用 Toast 生成系统默认的提示信息是非常简单的，只要：

调用 Toast 的makeText 静态函数生成一个 Toast 对象即可。

用show()函数来显示提示信息，生成的提示背景是黑色的，信息字体是白色的。

```
Toast.makeText(this, "这是系统默认的 Toast", Toast.LENGTH_SHORT).show();
```

系统默认的 Toast 运行效果如图 5-1 所示。

图 5-1　系统默认的 Toast 运行效果

5.1.3 自定义的 Toast

用 Toast 生成自定义布局的提示信息前需要先准备一个 XML 的布局文件，将要显示的内容全都放在布局文件里，然后用 toast.setView(view)函数来设置提示视图，最后调用 show()函数来显示提示信息。

XML 布局文件为 toast.xml，代码如下：

```xml
<RelativeLayout xmlns:android="http://schemas.android.com/apk/res/android"
    android:layout_width="fill_parent"
    android:layout_height="wrap_content"
    android:background="@drawable/toast_bg" >
    <ImageView
        android:id="@+id/ImageView1"
        android:layout_width="wrap_content"
        android:layout_height="wrap_content"
        android:layout_alignParentLeft="true"
        android:layout_centerVertical="true"
        android:layout_marginLeft="20dp"
        android:padding="5dp"
        android:src="@drawable/star" />
    <TextView
        android:id="@+id/content"
        android:layout_width="wrap_content"
        android:layout_height="wrap_content"
        android:layout_centerVertical="true"
        android:layout_toRightOf="@+id/ImageView1"
        android:padding="5dp"
        android:text="@string/hello_world" />
</RelativeLayout>
```

之后在 Java 里进行显示：

```java
// 显示自定义界面的 Toast
private void showToast() {
    // 获取布局界面
    LayoutInflater inflater = LayoutInflater.from(this);
    View view = inflater.inflate(R.layout.toast, null);

    TextView tv = (TextView) view.findViewById(R.id.content);
    tv.setText("这是自定义视图的 Toast。");

    Toast toast = new Toast(this);
    // 设置界面
    toast.setView(view);
    toast.setDuration(Toast.LENGTH_LONG);
    toast.show();
}
```

自定义的 Toast 运行效果如图 5-2 所示。

图 5-2　自定义的 Toast 运行效果

5.2　项目 8　通知提示（**Notification**）

5.2.1　Notification 介绍

5.2　通知提示（Notification）

Notification 是由 NotificationManager 来管理的。首先通过 getSystemService(NOTIFICATION_SERVICE)来获取这个管理器，然后创建一个 Notification，并设置好显示的图标和内容等，接着设置好 Notification 的跳转界面，最后通过一个特定的ID 值来显示这个通知提示。

需要注意的是这个 ID 值是唯一的。一个 ID 值就会在状态栏里出现一个 Notification，不同的 ID 值就会有不同的 Notification。也就是说如果重复地使用同一个 ID，那后面一个 Notification 就会覆盖前一个 Notification。在取消 Notification 时也是根据这个 ID 值来确定的。

```
private void notificationWeather(String tickerText, String title, String content,
        int drawable) {
    // 第一个参数为要显示的图片 ID
    // 第二个参数为要显示的文本内容，这里是显示在状态栏上的
    // 第三个参数为显示的时间，应该是当前时间
    Notification notification = new Notification(drawable, tickerText,
            System.currentTimeMillis());

    // 需要绑定跳转的界面
    PendingIntent contentIntent = PendingIntent.getActivity(this, 0,
            new Intent(this, MainActivity.class), 0);

    // 这里的 title 和 content 是显示在状态栏拉下来后的界面里的
    notification.setLatestEventInfo(this, title, content, contentIntent);
```

```
        // 显示 Notification
        notificationManager.notify(NOTIFICATIONS_ID, notification);
    }
```

Notification 运行效果如图 5-3 所示，可以看到屏幕上方的状态栏里多出了一个太阳图标，下拉状态栏就可以看到提示了。

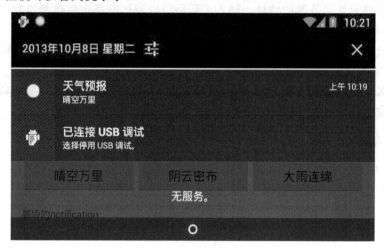

图 5-3   Notification 运行效果

5.2.2 特殊的 Notification

在很多情况下用户并不是时时刻刻都在看着屏幕，所以当有 Notification 时用户并不会知道。但是 Android 提供了一个可以让用户知道有 Notification 发生的机制，就是运行铃声或振动。在 Notification 里有可以给这个提示添加响铃或振动的功能，这种 Notification 的创建与上面的一样，只要设置了 notification.defaults 的值就可以。Notification.DEFAULT_SOUND 代表响铃，Notification.DEFAULT_VIBRATE 代表振动，Notification.DEFAULT_ALL 代表响铃或振动。

```
        private void notificationDefault(int defaults) {
            PendingIntent contentIntent = PendingIntent.getActivity(this, 0,
                    new Intent(this, MainActivity.class), 0);
            String title = "天气预报";
            String content = "晴空万里";
            final Notification notification = new Notification(R.drawable.sun,
                    content, System.currentTimeMillis());
            notification.setLatestEventInfo(this, title, content, contentIntent);
            // 设置 notification 的默认动作，可以是响铃也可以是振动
            notification.defaults = defaults;
            notificationManager.notify(NOTIFICATIONS_ID, notification);
        }
```

当不需要这个提示时，可以通过 notificationManager.cancel(NOTIFICATIONS_ID)函数来取消它。注意：NOTIFICATIONS_ID 这个 ID 值是与显示提示时用到的 ID 值是一致的。

5.3 综合项目　天气预报

5.3.1 设计原理

通过访问新浪网的天气服务器来获取想要知道的城市的天气情况。

1）获取新浪天气服务器的地址，输入密码后可以通过网络定位得到当前的经纬度，通过Geocoder 服务来得到当前的城市名。

2）通过城市名访问新浪网的天气服务器，获得今天与未来 4 天的天气情况，就可以得到包含了需要的天气情况的 XML 文件。

3）通过 XmlPullParser XML 文件解析器来解析 XML 文件，并提取想要的数据。

4）显示数据。

5.3.2 设计流程

设计流程如图 5-4 所示。

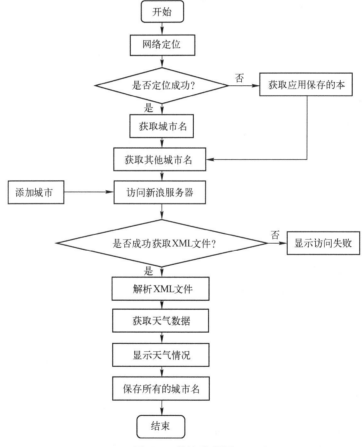

图 5-4　设计流程图

首先进行网络定位，接着判断定位是否成功。如果定位成功，则获取城市名，接着获取其他城市名；如果定位不成功，则获取应用中保存的本地城市名，接着获取其他城市名。然后添加城市，访问新浪服务器，判断是否成功获取 XML 文件。如果获取失败，则界面显示访问失败；如果获取成功，则进行解析 XML 文件，获取天气数据，在界面显示天气情况。最后保存所有的城市名。

5.3.3 网络定位

1. 位置定位

位置定位是获取当前所在的城市名，定位的全部内容都在 LocationUtils.java 文件里。定位前需要得到一个 LocationManager，可通过 getSystemService(Context.LOCATION_SERVICE) 函数来获取，然后获取最后一次定位的位置Location 对象。

```
        final LocationManager locationManager = (LocationManager) context.getSystemService(Context.
LOCATION_SERVICE);
                //通过最后一次的地理位置来获得 Location 对象
                location = locationManager.getLastKnownLocation(
                        LocationManager.NETWORK_PROVIDER);
        if(location == null) {
                Looper.prepare();
                final NetworkLocationListener l = new NetworkLocationListener();
                handler = new Handler() {

                        @Override
                        public void handleMessage(Message msg) {
                                switch(msg.what) {
                                case 10:
                                        // 设置定位监听器
                                        try {
                                                locationManager.requestLocationUpdates(
                                                        LocationManager.NETWORK_PROVIDER, 1000, 0, l);
                                                //        LocationManager.GPS_PROVIDER, 1000, 0, l);
                                        } catch (Exception e) {
                                                e.printStackTrace();
                                                handler.removeMessages(11);
                                                handler.sendEmptyMessage(11);
                                        }
                                        break;
                                case 11:
                                        // 移除定位监听器
                                        locationManager.removeUpdates(l);
                                        // 停止消息循环
                                        Looper l = Looper.myLooper();
                                        if(l != null)
                                                l.quit();
                                        break;
                                }
                        }
                };
                handler.sendEmptyMessage(10);
```

```
        handler.sendEmptyMessageDelayed(11, 3000);
        // 启动消息循环，线程会在这里阻塞，直到调用 quit()函数
        Looper.loop();

        if(location == null) {
                System.out.println("no location");
                return null;
        }
    }
```

在这里需要注意的是设置定位监听器 requestLocationUpdates 函数，需要在一个拥有消息循环的线程里才能执行，如主线程。但是其他线程是没有消息循环的，所以这时就需要用到 Looper.prepare()函数来准备一个消息循环。这个消息循环是在 Looper.loop()函数执行时开始循环，在调用到 quit()函数前线程会一直阻塞。

在这里创建了一个 Handler（Handler 必须在有消息循环的线程里才能创建），来设置定位监听器、移除监听器和停止消息循环。Handler 的执行函数是在消息循环内执行的。一开始通过 sendEmptyMessage(10)发送消息来执行设置监听器，并延迟 3s 后才移除监听器，其实现方法为 sendEmptyMessageDelayed(11,3000)。

2. 定位监听器设置

监听器的实现需要 LocationListener 接口，在这个接口里有 4 个函数。当位置发生改变后就会触发 onLocationChanged 函数，从而可以通过这个函数获取位置信息。

```
private static class NetworkLocationListener implements LocationListener {

        @Override
        public void onLocationChanged(Location l) {
                System.out.println("onLocationChanged");
                location = l;
                if(handler != null) {
                        handler.removeMessages(11);
                        handler.sendEmptyMessage(11);
                }
        }

        @Override
        public void onProviderDisabled(String provider) {
                System.out.println("onProviderDisabled");
                if(handler != null) {
                        handler.removeMessages(11);
                        handler.sendEmptyMessage(11);
                }
        }

        @Override
        public void onProviderEnabled(String provider) {
                System.out.println("onProviderEnabled");
        }
```

```
            @Override
            public void onStatusChanged(String provider, int status, Bundle extras) {
                System.out.println("onStatusChanged");
            }

        }
```

3．经纬度数据解析

在得到位置信息后或网络定位不可用时，通过 Handler 发送一个停止的消息。一旦得到了一个 Location 就需要将这个 Location 转换成一个城市名，但 Location 里只有经纬度数据，并不包含区域名的数据，这时就需要用到 Geocoder 进行转换。

```
Geocoder geocoder = new Geocoder(context, Locale.CHINA);
        double lat = location.getLatitude();
        double lng = location.getLongitude();
        System.out.println(lat + ", " + lng);

        try {
            //解析经纬度
            List<Address> addList = geocoder.getFromLocation(lat, lng, 1);
            if (addList != null && addList.size() > 0) {
                String cityName = addList.get(0).getLocality();
                if(cityName.endsWith("市"))
                    cityName = cityName.substring(0, cityName.length() - 1);
                System.out.println(cityName);
                return cityName;
            }
        } catch (IOException e) {
            e.printStackTrace();
        }
```

5.3.4 访问天气服务器

1）访问新浪网的天气服务器。首先需要有服务器的地址和访问密码，而这部分的代码是在SinaWeatherHelper.java 文件里。

```
// 访问新浪网的天气服务器需要的地址和密码
public final static String HTTP_SINA_URL      = "http://php.weather.sina.com.cn/xml.php";
public final static String HTTP_PASSWORD    = "DJOYnieT8234jlsK";
public final static String HTTP_ENCODE           = "gb2312";
```

2）在 Android 3.0 以后访问网络不建议在主线程里做，因为这样会造成阻塞，使得应用失去反应而强制关闭。这里启动另一个线程来进行网络访问。

```
/**
     * 获得天气情况的一个 Runnable，用于启动一个新的线程
     */
    private Runnable getWeatherRunnable = new Runnable() {
```

```
        @Override
        public void run() {
            if(helpListener != null)
                helpListener.onStart();

            if(map == null || map.size() == 0 || day <= 0)
                isRunning = false;

            Set<String> cities = map.keySet();
            Iterator<String> it = cities.iterator();

            while(it.hasNext() && isRunning) {
                String cityName = it.next();
                WeatherParser parser = map.get(cityName);
                for(int i = 0; i < 5 && isRunning; i++) {
                    if(isTheDayRequest(i)) {
                        if(!getOneDayWeather(cityName, parser, i) && i == 0)
                            break;
                    }
                }

                if(helpListener != null)
                    helpListener.onFinishCity(cityName, parser);
            }

            isRunning = false;
            if(helpListener != null)
                helpListener.onFinishAll(map);
        }
    };
```

3）由上面的代码可以看到在开始时先要获取到所有的城市名，然后再一个一个地从网络上获取天气情况，而获取一个城市一天的天气情况是由getOneDayWeather函数完成的。

```
    /**
         * 获取一天的天气情况，这里会访问网络，所以这里是放在一个线程里运行
         */
    private boolean getOneDayWeather(String whichCity, WeatherParser parser,
            int whichDay) {
        try {
            String c = java.net.URLEncoder.encode(whichCity, HTTP_ENCODE);
            String url = HTTP_SINA_URL + "?city=" + c +
                    "&password=" + HTTP_PASSWORD +
                    "&day=" + whichDay;

            HttpGet httpGet = new HttpGet(url);
            HttpClient hc = new DefaultHttpClient();
            HttpResponse ht = hc.execute(httpGet);
            if(ht.getStatusLine().getStatusCode() == HttpStatus.SC_OK) {
```

```
                                    HttpEntity he = ht.getEntity();
                                    InputStream is = he.getContent();

                                    boolean ret = false;
                                    if(parser != null)
                                            ret = parser.parse(is, whichDay);

                                    is.close();
                                    return ret;
                            } else {
                                    return false;
                            }
                    } catch (Exception e) {
                            e.printStackTrace();
                            return false;
                    }
            }
```

访问新浪网的天气服务器需要先构建一个 URL 地址，然后再通过这个 URL 来访问
HTTP 网络即可。URL 的格式是

> http://php.weather.sina.com.cn/xml.php?city=<城市名>&password=DJOYnieT8234jlsK &day=<与今天
> 的天数差，最大为 4>

如果想要获取明天的深圳的天气情况那这个 URL 是

> http://php.weather.sina.com.cn/xml.php?city=深圳&password= DJOYnieT8234jlsK&day=1

这样就可以从服务器里得到一个 XML 文件，接下来就是要解析这个 XML 文件。

5.3.5 XML 文件解析

XML 文件的解析代码是在 WeatherParser.java 文件里的，这里使用的是 XmlPullParser 的
解析器。在 Android 的 API 里有多个 XML 解析器，各有各的特点。因为 XML 文件并不大，
文件数目也不多，所以要用哪一个都是可以的。

```
    /**
        * 解析动作
        */
    public boolean parse(InputStream is, int day)
                    throws IOException, XmlPullParserException{
            if(is == null)
                    throw new IllegalArgumentException("InputStream=null");

            XmlPullParser parser = Xml.newPullParser();
            parser.setInput(is, "UTF-8");
            WeatherCondition weather = null;

            int eventType = parser.getEventType();
            while (eventType != XmlPullParser.END_DOCUMENT) {
```

```
switch (eventType) {
case XmlPullParser.START_DOCUMENT:
    break;
case XmlPullParser.START_TAG:
    if(parser.getName().equals("Weather")) {
        weather = new WeatherCondition();
        weather.day = day;
        weatherList.add(weather);
    }
    else if(parser.getName().equals("city")) {
        parser.next();
        weather.city = parser.getText();
    }
    else if(parser.getName().equals("status1")) {
        parser.next();
        weather.status1 = parser.getText();
    }
    else if(parser.getName().equals("status2")) {
        parser.next();
        weather.status2 = parser.getText();
    }
    else if(parser.getName().equals("direction1")) {
        parser.next();
        weather.direction1 = parser.getText();
    }
    else if(parser.getName().equals("direction2")) {
        parser.next();
        weather.direction2 = parser.getText();
    }
    else if(parser.getName().equals("power1")) {
        parser.next();
        weather.power1 = parser.getText();
    }
    else if(parser.getName().equals("power2")) {
        parser.next();
        weather.power2 = parser.getText();
    }
    else if(parser.getName().equals("temperature1")) {
        parser.next();
        weather.temperature1 = parser.getText();
    }
    else if(parser.getName().equals("temperature2")) {
        parser.next();
        weather.temperature2 = parser.getText();
    }
    else if(parser.getName().equals("tgd1")) {
        parser.next();
```

```
                            weather.tgd1 = parser.getText();
                    }
                    else if(parser.getName().equals("tgd2")) {
                            parser.next();
                            weather.tgd2 = parser.getText();
                    }
                    else if(parser.getName().equals("zwx_l")) {
                            parser.next();
                            weather.zwx_l = parser.getText();
                    }
                    else if(parser.getName().equals("chy_l")) {
                            parser.next();
                            weather.chy_l = parser.getText();
                    }
                    else if(parser.getName().equals("pollution_l")) {
                            parser.next();
                            weather.pollution_l = parser.getText();
                    }
                    else if(parser.getName().equals("yd_l")) {
                            parser.next();
                            weather.yd_l = parser.getText();
                    }
                    else if(parser.getName().equals("savedate_weather")) {
                            parser.next();
                            weather.savedate_weather = parser.getText();
                    }
                    break;
                case XmlPullParser.END_TAG:
                    break;
                }
                eventType = parser.next();
        }
        return weather != null;
}
```

首先要获取 XML 解析的事件类型，主要包括 START_DOCUMENT、END_DOCUMENT、START_TAG、END_TAG，分别代表了开始文档、结束文档、开始标签、结束标签。所以只要没有遇到结束文档就可以继续解析 XML 文件。解析的最重要部分就是 START_TAG 事件，因为数据都是存储在这里的。不同的标签名对应着不同的数据，这些标签名对应的数据如下：

```
public int day;
    /** 城市 */
    public String city;
    /** 白天天气 */
    public String status1;
    /** 夜晚天气 */
    public String status2;
```

```
/** 白天风向 */
public String direction1;
/** 夜晚风向 */
public String direction2;
/** 白天风级 */
public String power1;
/** 夜晚风级 */
public String power2;
/** 白天温度 */
public String temperature1;
/** 夜晚温度 */
public String temperature2;
/** 白天体感温度 */
public String tgd1;
/** 夜晚体感温度 */
public String tgd2;
/** 紫外线说明 */
public String zwx_l;
/** 穿衣说明 */
public String chy_l;
/** 污染说明 */
public String pollution_l;
/** 运动说明 */
public String yd_l;
/** 日期 */
public String savedate_weather;
```

5.3.6　运行结果

在运行之前需要先确定设备是连接网络的，并且允许使用网络定位。如果没有就需要进入设置应用，单击位置服务,选择位置服务,允许使用网络定位。

1）运行 Android 天气预报应用：初始时需等一段时间来获取天气情况，如图 5-5 所示。

图 5-5　获取数据中

2）成功获取后就会显示天气信息，如图 5-6 所示。

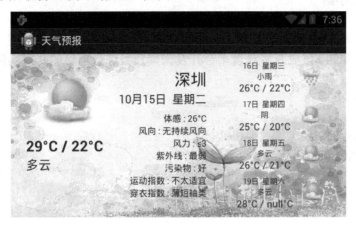

图 5-6　天气信息

3）还可以添加其他城市的天气情况：单击菜单按钮在弹出菜单中选择"添加"，输入城市名，如"上海"，如图 5-7 所示。单击"确定"按钮后将显示添加城市的天气信息，如图 5-8 所示。

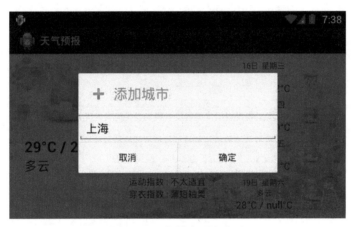

图 5-7　添加城市"上海"

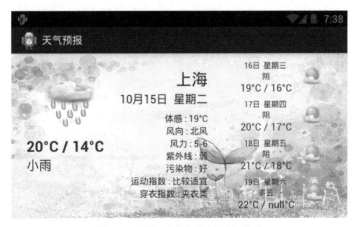

图 5-8　添加"上海"的天气信息

本章小结

本章通过嵌入式应用程序开发拓展讲解了 Toast、Notification 的应用，以及运用基本知识在 Android Studio 集成开发环境平台开发天气预报综合项目的开发实践。

 思考与习题

1. 简述 Toast 的主要工作原理和机制。
2. 简述 Notification 有哪几类以及主要特点。

第6章　嵌入式系统硬件开发

本章通过基于 ARM Cortex 系列的嵌入式系统硬件开发基础项目、进阶项目的讲解，使读者从硬件平台方面熟悉嵌入式操作系统的内核驱动、硬件调试等技能应用。本章采用 Protel DXP2004、Multisim10 等软件，为了保持与软件的一致性，本章中部分电路保留了绘图软件的电路符号，可能会与国家标准符号不一致，读者可参阅相关资料。

6.1　项目 9　JNI 开发实验

6.1　JNI 开发
实验

6.1.1　JNI 介绍

Android 系统是基于 Linux 内核的，刚接触 Android 的人可能会问，Android 内核用 C 语言开发，而应用程序用 Java 语言开发，两者是如何通信的？事实上，Android 提供了一个名为 NDK（Native Development Kit）的工具，专门用于 C/C++和 Java 交互的开发，也就是 JNI（Java Native Interface）开发。

从 Java 1.1 开始，JNI 标准成为 Java 平台的一部分，它允许 Java 代码和其他语言的代码进行交互，如图 6-1 所示。

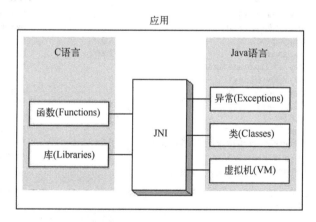

图 6-1　Java 和 C 语言交互

JNI 一开始是为了本地已编译语言（尤其是 C 和 C++）而设计的，但是它并不妨碍使用其他语言，只要调用约定受支持就可以了。使用 JNI 通常会丧失平台可移植性。但是，有些情况下这样做是可以接受的，甚至是必需的。例如，使用一些旧的库，与硬件、操作系统进行交互，或标准的 Java 类库可能不支持程序所需的特性，或者为了提高程序的性能。JNI 标准至少保证本地代码能工作在任何 Java 虚拟机上。

使用 Android Studio，可以将 C 和 C++代码编译成 native library（.so 文件），然后打包到

APK 中。Java 代码可以通过 JNI 调用 native library 中的方法。Android Studio 默认使用 CMake 来编译原生库。

6.1.2 下载 NDK 和构建工具

要编译和调试本地代码（native code），需要下面的组件：

- NDK（Native Development Kit）：实现在 Android 中使用 C/C++功能的工具集。
- CMake：外部构建工具。如果准备只使用 ndk-build，可以不使用它。
- LLDB：Android Studio 调试本地代码的工具。

可以使用 SDK Manager 来安装上述组件，如图 6-2 所示。

1）打开一个工程，从菜单栏中选择"Tools→Android→SDK Manager"。

2）单击"SDK Tools"选项卡。

3）勾选"LLDB""CMake"和"NDK"。

4）单击"Apply"，然后单击"OK"进行安装。

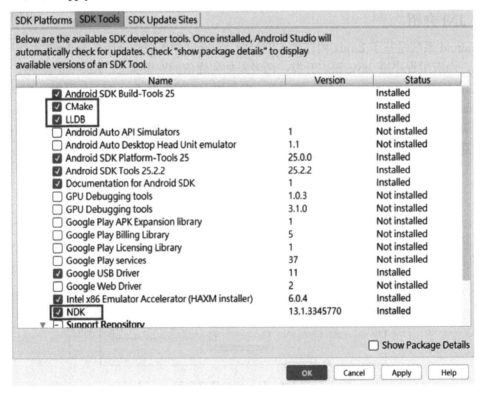

图 6-2　SDK Manager 安装组件

6.1.3 新建 Hello JNI 工程

创建一个支持 native code 的项目和创建普通的 Android studio 工程很像，但是有几点需要注意。

1）在"Configure your new project"选项中，要勾选"Include C++ Support"选项，

如图 6-3 所示。

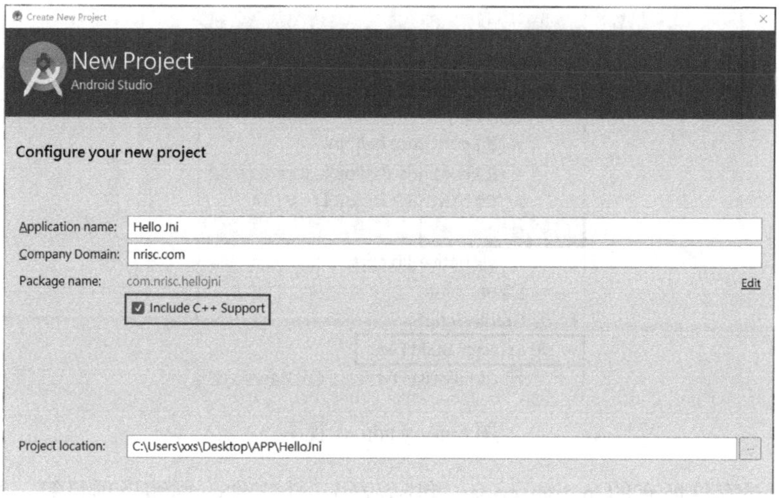

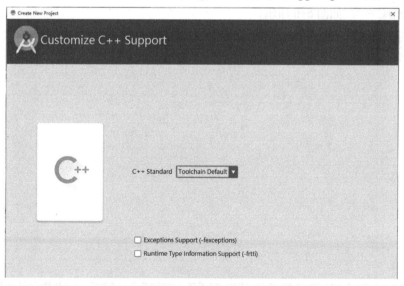

图 6-3 "Configure your new project" 选项

2）单击 "Next"，后面的流程和创建普通的 Android Studio 工程一样。

3）在 "Customize C++ Support" 选项卡中，有下面几种方式自定义项目，如图 6-4 所示。

● **C++ Standard**：单击下拉框，可以选择标准 C++，或者保持默认的 Toolchain Default 选项。

● **Exceptions Support**：如果想使用有关 C++异常处理的支持，则需要勾选它。勾选之后，Android Studio 会在 module 层的 build.gradle 文件中的 cppFlags 中添加-fexcetions 标志。

● **Runtime Type Information Support**：如果想支持 RTTI，则需要勾选它。勾选之后，Android Studio 会在 module 层的 build.gradle 文件中的 cppFlags 中添加-frtti 标志。

图 6-4 "Customize C++ Support" 选项

4）当 Android Studio 完成新项目创建后，打开 "Project" 面板，选择 "Android" 视图，

Android Studio 会添加"cpp"和"External Build Files"目录，如图 6-5 所示。

图 6-5 Android 视图

- cpp 目录存储所有的 native code，包括源码、头文件、预编译项目等。对于新项目，Android Studio 创建了一个 C++模板文件：native-lib.cpp，并且将该文件存储在"app"模块的"src\main\cpp"目录下。这份模板代码提供了一个简单的 C++ 函数：stringFromJNI()，该函数返回一个字符串："Hello from C++"。
- External Build Files 目录存储 CMake 或 ndk-build。类似于 build.gradle 文件告诉 Gradle 如何编译 APP 一样，CMake 和 ndk-build 也需要一个脚本来告知如何编译 native library。对于一个新的项目，Android Studio 创建了一个 CMake 脚本：CMakeLists.txt，并且将其存储到 module 的根目录下。

6.1.4 编译 Hello JNI 工程

单击"Run"按钮，Android Studio 会编译并启动一个 APP，然后在 APP 中显示一段文字"Hello from C++"，如图 6-6 所示。

图 6-6 APP 中显示一段文字"Hello from C++"

从编译到运行示例 APP 的流程简单归纳如下：

1）Gradle 调用外部构建脚本，也就是 CMakeLists.txt。

2）CMake 会根据构建脚本的指令编译一个 C++ 源文件，也就是 native-lib.cpp，并将编译后的产物放入共享对象库中，将其命名为 libnative-lib.so，然后 Gradle 将其打包到 APK 中。

3）在运行期间，APP 的 MainActivity 会调用 System.loadLibrary()方法，加载 native library。而这个库的原生函数 stringFromJNI()，就可以为 APP 所用了。

MainActivity.onCreate()方法会调用 stringFromJNI()，然后返回"Hello from C++"，并更新 TextView 的显示。

6.1.5 代码解析

依次展开"app/java/com.nrisc.hellojni"，打开 MainActivity 类。

```java
public class MainActivity extends AppCompatActivity {

    // Used to load the 'native-lib' library on application startup
    static {
        System.loadLibrary("native-lib");
    }

    @Override
    protected void onCreate(Bundle savedInstanceState) {
        super.onCreate(savedInstanceState);
        setContentView(R.layout.activity_main);

        // Example of a call to a native method
        TextView tv = (TextView) findViewById(R.id.sample_text);
        tv.setText(stringFromJNI());
    }

    /**
     * A native method that is implemented by the 'native-lib' native library
     * which is packaged with this application
     */
    public native String stringFromJNI();
}
```

可以看到，在这个类中，声明了一个带native 关键字的函数stringFromJNI ()。这样的函数叫作本地 JNI 层函数，它的特点是函数的声明使用的是 Java 语言，而函数实现使用的是 C/C++语言。那么这 3 个函数是在哪里实现的呢？可能大家已经注意到了前面的几条语句，如下。

```java
static {
    System.loadLibrary("native-lib");
}
```

可以看到，这里载入了名字为 native-lib 的动态库，事实上本地 JNI 层函数就是在这个动态库里定义的。

展开 External Build File，打开 CMakeLists.txt 文件。

```
add_library( # Sets the name of the library.
            native-lib

            # Sets the library as a shared library
            SHARED

            # Provides a relative path to your source file(s)
            # Associated headers in the same location as their source
            # file are automatically included
            src/main/cpp/native-lib.cpp )
```

可以看到，在这个编译脚本里编译了 native-lib 的动态库，其源码在"src/main/cpp/native-lib.cpp"。依次展开"app/cpp"，打开 native-lib.cpp 文件。

```
#include <jni.h>
#include <string>

extern "C"
jstring
Java_com_nrisc_hellojni_MainActivity_stringFromJNI(
        JNIEnv *env,
        jobject /* this */) {
    std::string hello = "Hello from C++";
    return env->NewStringUTF(hello.c_str());
}
```

可以看到函数 Java_com_nrisc_hellojni_MainActivity_stringFromJNI()，它是本地 JNI 层函数 stringFromJNI() 的实现，是使用 C 或 C++语言编写的，与 Linux 内核驱动连接。其实，JNI 层函数的实现，就是普通的 Linux 应用编程。这个函数的功能是返回一个字符串"Hello from C++"。

注意，这个函数名字是有规律的，具体格式为：

```
Java_包名_类名_函数名
```

在程序中的 Java_com_nrisc_hellojni_MainActivity_stringFromJNI() 函数中，com_nrisc_hellojni 是包名，MainActivity 是类名，stringFromJNI 是函数名。

6.2 项目 10 BUZZER 蜂鸣器控制实验

6.2 BUZZER
蜂鸣器控制
实验

6.2.1 Linux 系统的 API

Linux 系统在 Android 里充当内核的角色，它管理着所有的系统驱动，所以 Android 的上层应用想要访问驱动就必须通过 Linux 内核系统。Google 为了能够让 Android 上层应用更方便地访问内核驱动，已经把一部分驱动集成到了 Android 的 API 里（当然这些 API 最终也是通过 JNI 来访问驱动的），如触摸屏、音频、按键等。当应用程序想要访问这些驱动时就可以直接调用 Android 的 API，而不需要再去编写自己的 JNI 来访问驱动。然而，并不是所有的驱动在 Android 系统里都有相应的 API。这时就需要编写自己的 JNI 来访问驱动。

在 Linux 系统里所有的外部设备都是当成文件来处理的，所以每一个驱动都有一个对应的设备节点，如对于一个字符型驱动可以像操作一个文件一样来操作它，这时就要用到以下几个函数：

int open(const char *pathname, int flags)：打开文件。可以用这个函数来打开一个设备，并返回一个文件描述符fd。然后就可以通过这个文件描述符来操作设备。

size_t read(int fd, void * buf , size_t count)：读取数据。可以通过这个函数读取一个已经打开的设备里的数据。

size_t write (int fd, const void * buf, size_t count)：写入数据。可以通过这个函数将一段数据写入到一个已经打开的设备里。

int close(int fd)：关闭文件。可以用这个函数关闭一个已经打开的设备。

int ioctl(int fd, int request, …/* void *arg */)：控制 I/O 设备。这个函数提供了一种获得设备信息和向设备发送控制参数的手段，用于向设备发送控制和配置命令。有些命令需要控制参数，相应的数据是不能用 read/write 读写的，称为 Out-of-band 数据。也就是说，read/write 读写的数据是 in-band 数据，是 I/O 操作的主体。而 ioctl 命令传送的是控制信息，其数据是辅助的数据。

6.2.2 项目原理

BUZZER 硬件原理图如图 6-7 所示。

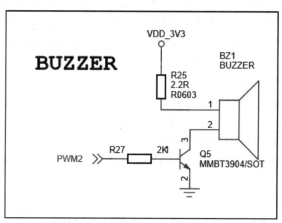

图 6-7 BUZZER 硬件原理图

可以看到，蜂鸣器是通过 PWM2 引脚来控制的：当 PWM2 为高时，蜂鸣器鸣叫；当 PWM2 为低时，蜂鸣器停止鸣叫。其中 PWM2 引脚对应的 GPIO 为 GPIOC14。

6.2.3 内核驱动

（1）驱动源码目录
驱动源码目录为：

```
lollipop-5.1.1_r6/kernel/drivers/buzzer/buzzer-ces6818.c
```

（2）内核配置选项

内核配置选项如图 6-8 所示。

```
Device Drivers --->
<*> BUZZER Support for CES6818
```

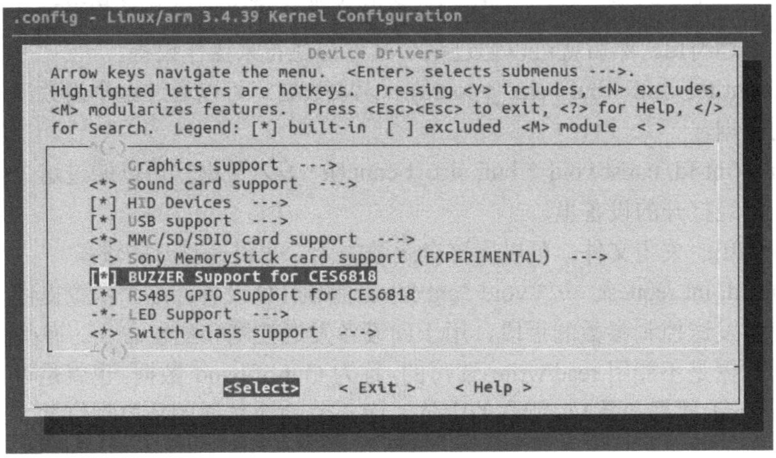

图 6-8　内核配置选项

（3）内核驱动结构

Linux 内核的源码树目录下一般都会有两个文件：Kconfig 和 Makefile。分布在各目录下的 Kconfig 构成了一个分布式的内核配置数据库，每个 Kconfig 分别描述了与所属目录源文件相关的内核配置菜单。在内核配置 make menuconfig 时，则从 Kconfig 中读出配置菜单，配置完后保存到.config（在顶层目录下生成）中。在内核编译时，主 Makefile 调用这个.config，就可以了解用户对内核的配置情况。

也就是说，Kconfig 对应着内核的配置菜单。假如要添加新的驱动到内核的源码中，则可以修改 Kconfig 来增加对驱动的配置菜单，这样就可以选择驱动。假如要使这个驱动被编译，则要修改该驱动所在目录下的 Makefile。

因此，一般添加新的驱动时需要修改的文件有两种（注意不只是两个）：修改 Kconfig 和 Makefile。

（4）内核驱动举例

这里以 Buzzer 驱动为例，介绍一下 Linux 内核的驱动结构。

1）LED 驱动源码 buzzer-ces6818.c 所在的目录为“lollipop-5.1.1_r6/kernel/drivers/buzzer”，在该目录下找到 Kconfig 文件，打开看到一个名为 BUZZER_CES6818 的config。

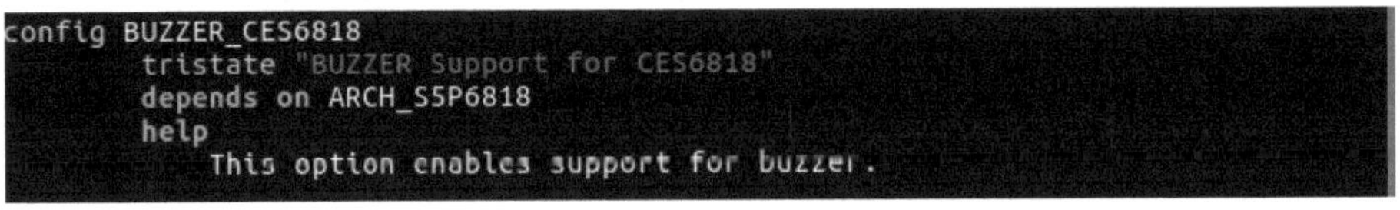


```
tristate "BUZZER Support for CES6818"
```

tristate 类型表示"三态"：把它编译进内核，或者把它编译成模块，或者不编译。

还有一个比较常用的类型是 BOOL 类型，表示只有两种选择：编译进内核，或者不编译。

depends on ARCH_S5P6818

此语句表示 BUZZER_CES6818 选项依赖于 ARCH_S5P6818 选项，只有 ARCH_S5P6818 已经被选中了，才可以选 BUZZER_CES6818，否则 BUZZER_CES6818 选项是隐藏的。

help
This option enables support for buzzer.

这是帮助信息，是关于该驱动的描述信息。

2）在已配置的内核根目录下（已配置，指的是已经编译过的内核；内核的根目录为 lollipop-5.1.1_r6/kernel），执行下面命令：

```
# make menuconfig
```

执行 make menuconfig 命令后，出现内核配置对话框，如图 6-9 所示。

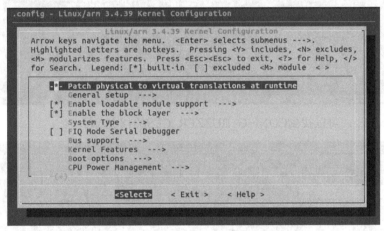

图 6-9　内核配置对话框

3）选择 Device Drivers，进入 Buzzer 驱动界面，如图 6-10 所示。

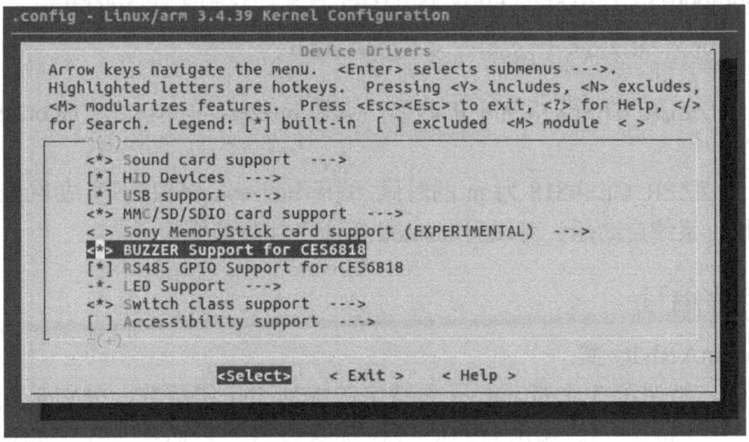

图 6-10　进入 Buzzer 驱动界面

4）按〈Y〉键，选项前面变为"*"号，表示编译进内核；按〈M〉键，选项前面变为"M"号，表示编译成模块；按〈N〉键，选项前面变为空，表示不编译该驱动；如果做了修改，退出的时候提示是否保存，如图 6-11 所示。

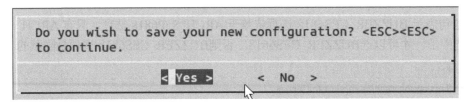

图 6-11　退出时提示是否保存

5）在已配置内核的根目录下，出现一个隐藏文件.config。

```
xxs@xxs-ubuntu:~/workhome/ces-edu6818/lollipop-5.1.1_r6/kernel$ ls -a
                             firmware      net
..                           fs            README
android                      include       REPORTING-BUGS
arch                         init          samples
block                        ipc           scripts
ces6818_drone_android_lollipop_defconfig  Kbuild  security
.config                      Kconfig       sound
COPYING                      kernel        tools
CREDITS                      lib           usr
crypto                       MAINTAINERS   virt
Documentation                Makefile
drivers                      mm
xxs@xxs-ubuntu:~/workhome/ces-edu6818/lollipop-5.1.1_r6/kernel$
```

6）打开.config，可以找到CONFIG_BUZZER_CES6818 选项。

```
# CONFIG_MMC_NXP_CH1 is not set
CONFIG_MMC_NXP_CH2=y
CONFIG_MMC_NXP_CH2_USE_DMA=y
# CONFIG_MEMSTICK is not set
CONFIG_BUZZER_CES6818=y
CONFIG_RS485_CES6818=y
CONFIG_NEW_LEDS=y
CONFIG_LEDS_CLASS=y
```

Makefile

同样是在lollipop-5.1.1_r6/kernel/drivers/buzzer 目录，找到文件 Makefile。

obj-$(CONFIG_BUZZER_CES6818) += buzzer-ces6818.o

CONFIG_BUZZER_CES6818 为 y 的时候，编译 buzzer-ces6818.c 生成 buzzer-ces6818.o，编译进内核。

CONFIG_BUZZER_CES6818 为 m 的时候，编译 buzzer-ces6818.c 生成 buzzer-ces6818.ko，编译成内核模块，系统启动后，可以用 insmod 等命令加载该模块。

6.2.4　应用程序编写

1. 编写 MainActivity 类

在这个类中，声明了 3 个带 native 关键字的本地 JNI 层函数，分别是 openBuzzer()、closeBuzzer()和 setBuzzer()。调用它们即可控制蜂鸣器，它们都是在 native-lib.cpp 文件里实现的，代码如下。

```
/**
 * 本地 JNI 层函数，打开蜂鸣器设备，该函数的定义主体在 cpp/buzzer.c 文件中
 * @return 成功打开返回 true，否则返回 false
 */
public native boolean openBuzzer();

/**
 * 本地 JNI 层函数，关闭蜂鸣器设备，该函数的定义主体在 cpp/buzzer.c 文件中
 */
public native void closeBuzzer();

/**
 * 本地 JNI 层函数，设置蜂鸣器的状态，该函数的定义主体在 cpp/buzzer.c 文件中
 * @param isOn true 表示鸣叫，false 表示停止鸣叫
 */
public native void setBuzzer(boolean isOn);
    // Used to load the 'native-lib' library on application startup
    static {
        System.loadLibrary("native-lib");
    }
```

2．编写native-lib.cpp

上面 3 个本地 JNI 层函数的实现，在这里都是使用 C 语言编写的，与 Linux 内核驱动打交道。下面分别介绍这 3 个函数。

（1）Java_com_nrisc_buzzerdemo_MainActivity_openBuzzer ()

这个函数的功能是调用 open()函数，打开 Buzzer 设备。其中 BUZZER_DEVICE 是设备节点/dev/buzzer，因为设备节点是驱动的入口，应用程序和驱动交互都应先打开它。在控制 Buzzer 状态前，要先调用该函数申请资源。

```
/**
 * 打开 Buzzer 设备，与 MainActivity.java 中的 openBuzzer()函数相关联
 */
jboolean
Java_com_nrisc_buzzerdemo_MainActivity_openBuzzer(
        JNIEnv *env,
        jobject /* this */) {
    if(fd != -1)
        return 1;

    fd = open(BUZZER_DEVICE, O_RDWR);
    if (-1 == fd) {
        LOGE("Can't Open %s[%d]: %s", BUZZER_DEVICE, errno, strerror(errno));
        return 0;
    }
```

```
        return 1;
    }
```

（2）Java_com_nrisc_buzzerdemo_MainActivity_setBuzzer()

这个函数的功能是调用 ioctl()函数，控制 Buzzer 的状态。如果参数 isOn 的值为 1，则 Buzzer 鸣叫；如果参数 isOn 的值为 0，则停止鸣叫。

```
/**
 * 关闭 Buzzer 设备，与 MainActivity.java 中的 closeBuzzer()函数相关联
 * 在关闭 Buzzer 设备前先要将所有的 Buzzer 关掉
 */
void
Java_com_nrisc_buzzerdemo_MainActivity_closeBuzzer(
        JNIEnv *env,
        jobject /* this */) {
    if(fd != -1) {
        ioctl(fd, 0);
        close(fd);
    }
    fd = -1;
}
```

（3）Java_com_nrisc_buzzerdemo_MainActivity_closeBuzzer()

这个函数的功能是调用 close()函数，关闭 Buzzer 设备。当应用退出的时候，要调用该函数释放资源。

```
/**
 * 与 MainActivity.java 中的 setBuzzer(boolean isOn)函数相关联
 * 作用是设置指定 Buzzer 的状态
 */
void
Java_com_nrisc_buzzerdemo_MainActivity_setBuzzer(
        JNIEnv *env,
        jobject obj,
        jboolean isOn) {
    if(fd == -1) {
        LOGE("Buzzer device is closing.");
        return;
    }

    // 设置 Buzzer 的状态
    if (ioctl(fd, isOn) < 0) {
        LOGE("Can not set buzzer status. error[%d]: %s", errno, strerror(errno));
    }
}
```

到这里，读者可能会有疑问，图 6-7 硬件原理图中表明，控制 PWM2 引脚的电平状态

才能控制蜂鸣器是否鸣叫，这 3 个函数里为何没有相关的代码？因为这里是应用程序，该进程运行在用户空间，如果不采用内存映射的方式，用户空间里是不能直接控制硬件的，需要在内核空间里才能控制硬件，接下来介绍一下Buzzer 驱动。

在系统内核源码有蜂鸣器驱动文件："lollipop-5.1.1_r6/kernel/drivers/buzzer/buzzer-ces6818.c"。

这是一个字符型设备驱动的结构，对应关系如下：

```
Static struct file_operations buzzer_fops = {
        .owner    =    THIS_MODULE,
        .open     =    ces6818_buzzer_open,
        .write    =    ces6818_buzzer_write,
        .read     =    ces6818_buzzer_read,
        .unlocked_ioctl = ces6818_buzzer_ioctl,
        .release =    ces6818_buzzer_close,
};
```

应用层调用 open()函数时，驱动里的 ces6818_buzzer_open()函数被执行，执行 gpio_request()函数申请 gpio 资源；应用层调用 close 函数时，驱动里的 ces6818_buzzer_close()函数被执行，执行 gpio_free()函数释放 gpio 资源。

```
static int ces6818_buzzer_open(struct inode *inode, struct file *file)
{
gpio_request(CFG_IO_CES6818_BUZZER, "CES6818_BUZZER");
return 0;
}

static int ces6818_buzzer_close(struct inode *inode, struct file *file)
{
gpio_free(CFG_IO_CES6818_BUZZER);
return 0;
}
```

应用层调用 ioctl()函数时，驱动里的 ces6818_buzzer_ioctl()函数被执行，执行 gpio_direction_output()函数配置 gpio 引脚的电平为高或低。

```
static long ces6818_buzzer_ioctl(struct file *filp,unsigned int cmd)
{
Switch(cmd)
{
    case 0:
    case 1:
gpio_direction_output(CFG_IO_CES6818_BUZZER, cmd);
return 0;
        default:
            return -EINVAL;
    }
}
```

可以看到 CFG_IO_CES6818_BUZZER 的值是 PWM2 引脚对应的 gpio（GPIOC14）。

```
/*
 * BUZZER -> PWM2 ->GPIOC14
 */
#define CFG_IO_CES6818_BUZZER (PAD_GPIO_C + 14)
```

6.2.5　调试运行

启动教学平台，连接好 USB 线，单击工具栏上的"Run 'app'"按钮进行编译。在弹出的对话框中，选择硬件平台。编译后，在教学平台界面上可以看到一个红色的按钮，如图 6-12 所示。

图 6-12　Buzzer Demo 界面

界面上显示了一个蜂鸣器按钮，此时单击是没有反应的，因为控制蜂鸣器的代码还未实现。

依次展开"app/java/com.nrisc.buzzerdemo/MainActivity"，打开 MainActivity.java 文件，可以看到按钮监听器的函数体未实现功能。

```
/**
 * 按钮监听器，主要实现蜂鸣器的控制和切换背景图片
 */
Button.OnClickListener listener = new View.OnClickListener() {
    @Override
    public void onClick(View v) {
        /**
         * 未实现，请完成该部分代码
         * 代码需要实现两个功能：1.切换蜂鸣器的状态；2.切换按钮的背景图片
         */
    }
};
```

在函数体里加上如下代码：

```
isON = !isON;
/*  控制蜂鸣器的状态  */ setBuzzer(isON);
/*  切换背景图片  */
if (isON)
button.setBackgroundResource(R.drawable.buzzeron);
else
button.setBackgroundResource(R.drawable.buzzeroff);
```

重新编译后，按下蜂鸣器按钮可以控制蜂鸣器的状态，并且按钮的背景图片变成了蓝色图片，如图 6-13 所示。

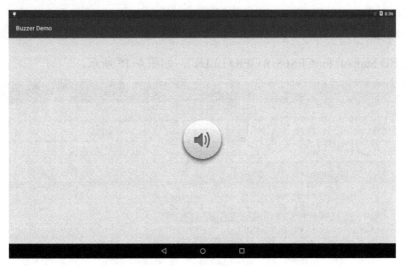

图 6-13　按下蜂鸣器按钮

6.3　项目 11　LED 指示灯控制实验

6.3.1　项目原理

6.3　LED 指示灯控制实验

LED 的硬件原理图如图 6-14 所示。

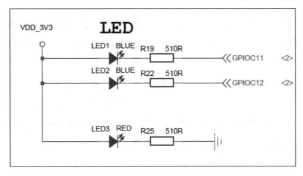

图 6-14　LED 硬件原理图

可以看到，LED1 蓝灯和 LED2 蓝灯是可以通过相应的 GPIO 引脚来控制的，分别为 GPIOC11 和 GPIOC12。当 GPIO 引脚为低时，则 LED 指示灯亮；当 GPIO 为高时，则 LED 指示灯灭。而 LED3 红灯是无法控制的，开机即点亮。

6.3.2 内核驱动

（1）驱动源码目录

lollipop-5.1.1_r6/kernel/drivers/leds/leds-ces6818.c

（2）内核配置选项

Device Drivers --->
LED Support   --->

选择"LED Support for CES6818 GPIO LEDs"，如图 6-15 所示。

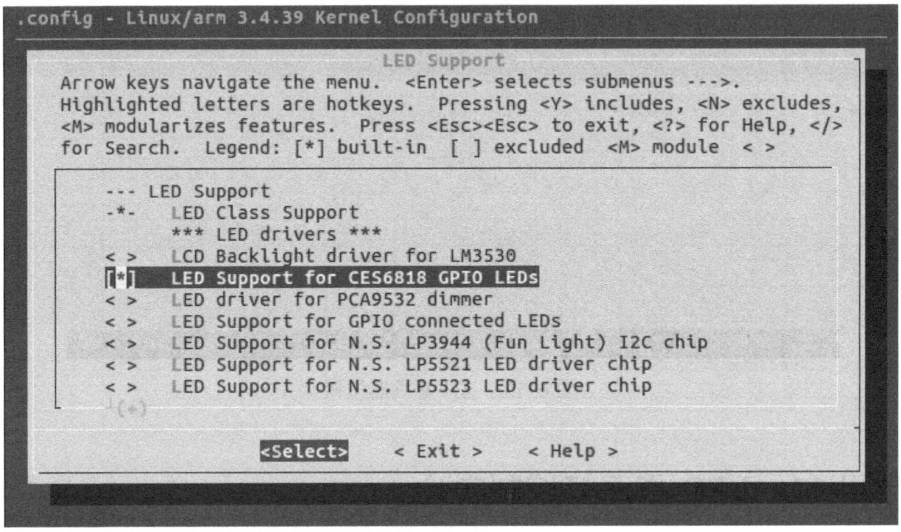

图 6-15 选择"LED Support for CES6818 GPIO LEDs"

6.3.3 Linux 平台设备驱动

从 Linux 2.6 以后引入了一套新的驱动管理和注册机制：platform_device 和 platform_driver。Linux 中大部分的设备驱动都可以使用这套机制，设备用 platform_device 表示，驱动用 platform_driver 进行注册。

platform 是一个虚拟的地址总线，相比 PCI 和 USB，它主要用于描述 SOC 上的片上资源，例如 CPU 上的集成控制器（LCD、Watchdog、RTC 等）。platform 所描述的资源有一个共同点：在 CPU 的总线上直接取址。Linux 的 platform device driver 机制和传统的 device driver 机制（通过 device_register driver_register 函数进行注册）相比，一个十分明显的优势在于 platform 机制将设备本身的资源注册进内核，由内核统一管理，在驱动程序中使用这些资源时通过 platform device 提供的标准接口进行申请并使用。这样提高了驱动和资源管理的独立性，并且拥有较好的可移植性和安全性（这些标准接口是安全的）。

platform 机制的本身使用并不复杂，由两部分组成：platform_device 和 platform_driver。通过 platform 机制开发底层驱动的大致流程为：

定义 platform_device → 注册 platform_device → 定义 platform_driver → 注册 platform_driver。

（1）平台设备 platform_device

首先要确认的就是设备的资源信息，例如设备的地址、中断号等。在 Linux 内核中 platform 设备用结构体 platform_device 来描述，该结构体定义如下：

```
struct platform_device {
    const char *name;                /*设备名*/
    int idl
    struct device dev;
    u32 num_resources;
    struct resource *resource;       /*资源*/
    const struct platform_device_id *id_entry;
    /*MFD cell pointer */
    struct mfd_cell *mfd_cell;
    /* arch specific additions*/
    struct pdev_archdata archdata;
}
struct resource {
    resource_size_t start;           /*资源起始的物理地址*/
    resource_size_t end;             /*资源结束的物理地址*/
    const char *name;                /*资源的名称*/
    unsigned long flags;             /*资源的类型，例如 MEM、IO、IRO 类型*/
    struct resource *parent, *sibling,*child; /*资源链表的指针*/
};
```

该结构一个重要的元素是 resource，该元素存入了最为重要的设备资源信息。以 LED 平台设备为例，文件存储路径为 "lollipop-5.1.1_r6/kernel/arch/arm/plat-s5p6818/drone/device.c"，定义了 LED 平台设备。LED 驱动比较简单，只有设备名和 ID。同一个文件，在平台设备注册函数 nxp_board_devs_register() 里注册了该平台设备。内核启动的时候，最终调用 nxp_board_devs_register() 函数将所定义的平台设备（platform device）注册到平台总线中（platform_bus_type）。

```
#if define(CONFIG_LEDS_CES6818)
static struct platform_device ces6818_leds_device = {
    .name        = "ces6818-led", /*LED 平台设备名*/
    .id          =-1, /*设备 ID，-1 表示只有一个设备*/
};
#endif
#if defined(CONFIG_LEDS_CES6818)
    prink("plat: add device leds\n");
    platform_device_register(&ces6818_leds_device);/*注册 LED 平台设备到平台总线*/
```

```
#endif
```

（2）平台驱动 Platform_Driver

平台驱动用 platform_driver 结构体来描述。以 LED 平台驱动为例，文件路径为"lollipop-5.1.1_r6/kernel/drivers/leds/leds-ces6818.c"，定义了 LED 平台驱动。通过 platform_driver_register() 和 platform_driver_unregister()函数来注册和注销平台驱动。

```
struct platform_driver {
        int (*probe) (struct platform_device *);              /*设备的检测*/
        int (*remove) (struct platform_device *);             /*删除该设备*/
        int (*shutdown) (struct platform_device *);           /*关闭该设备*/
        int (*suspend) (struct platform_device *);            /*休眠*/
        int (*resume) (struct platform_device *);             /*唤醒*/
        struct device_driver driver;                          /*老设备驱动*/
        const struct platform_device_id *id_table;            /*ID 列表*/
};
static struct platform_driver ces6818_led_driver = {    /*定义 LED 平台驱动*/
        .probe      =   ces6818_led_probe, /*LED 探测函数，探测就意味着在系统总线中去检测设
                                             备的存在，然后获取设备有用的相关资源信息*/
        .remove     =   ces6818_led_remove,        /*LED 移除函数*/
        .suspend    =   ces6818_led_suspend,       /*LED 休眠函数*/
        .resume     =   ces6818_led_resume,        /*LED 唤醒函数*/
        .driver     =   {
                    .name=  "ces6818-led",         /*LED 平台驱动名字*/
        },
};
static int __devinit ces6818_led_init(void)
{
        int ret;
        printk("ces6818 leds driver\n");
        ret  = platform_driver_register(&ces6818_led_driver);
        if(ret)
                printk("failed to register ces6818 led driver\n");
        return ret;
}

static void ces6818_led_exit(void)
{
        platform_driver_unregister(&ces6818_led_driver);
}
```

platform_device 和 platform_driver 在平台总线中是通过名字来实现配对的，首先是确认驱动中是否有 id_table 成员，如果有，则调用 platform_match_id()去匹配；如果没有，则只是简单地比较平台设备和平台驱动的 name 字段是否相同，可见于函数 platform_match()。其中，LED 平台设备的名字为 ces6818-led，平台驱动的名字为 ces6818-led，两者匹配成功。系统启动的时候，当 platfor_device 和 platform_driver 匹配成功后，驱动里的 probe 函数就被执行，

这里就是 ces6818_led_probe()函数。

```
static int platform_match(struct device *dev, struct device_driver *drv)
{
        struct platform_device *pdev = to_platform_device(dev);
        struct platform_driver *pdrv = to_platform_driver(drv);
        /*Attempt an OF style match first*/
         if (of_driver_match_device(dev,drv))
                return 1;

         /*Then try to match against the id table*/
         /*设备名字和驱动里的 id_table 成员的名字配对*/
          if(pdrv->id_table)
                return platform_match_id(pdrv->id_table, pdev) != NULL;

         /*fall-back to driver name match*/
         /*设备名字和驱动名字配对*/
        return (strcmp(pdev->name, drv->name)==0);
}
static int ces6818_led_probe(struct platform_device *pdev)
{
        int ret;
        int err;

        /*申请一个动态设备号*/
        ret = alloc_chrdev_region(&devno,0,1,DEVICE_NAME);
         if (ret<0)
         {
                printk(DEVICE_NAME "can't get the major number\n");
                return ret;
         }

         /*创建设备节点*/
         led_class= class_create(THIS_MODULE,DEVICE_NAME);
         if(IS_ERR(led_class)){
             printk("Err:failed in led_class.\n");
             return -1;
          }
          dev=device_create(led_class,NULL,devno,NULL,DEVICE_NAME);

          /*字符设备的初始化*/
          cdevp = cdev_alloc();
          cdev_init(cdevp,&led_fops);
          cdevp->owner = THIS_MODULE;

           err=cdev_add(cdevp,devno,1);
          if(err){
```

```
                    printk(KERN_NOTICE "Error %d adding cdev",err);
                    unregister_chrdev_region(devno,1);
                    return -EFAULT;
            }
            return 0;
    }
```

在 probe()函数中，初始化并注册设备。其中，调用 class_create()为该设备创建一个 class，再为每个设备调用 device_create()创建对应的设备，这样，在系统启动完后就会自动生成 /dev/led 设备节点，供应用层操控。

（3）LED 驱动

在系统内核源码有一个 LED 驱动文件："lollipop-5.1.1_r6/kernel/drivers/leds/leds-ces6818.c"，这是个字符型设备驱动的结构，对应关系如下：

```
    static struct file_operations led_fops = {
        .owner        = THIS_MODULE,
        .open         =  ces6818_led_open,
        .write        =  ces6818_led_write,
        .read         =  ces6818_led_read,
        .unlocked_ioctl        =  ces6818_led_ioctl,
        .release      =  ces6818_led_close,
        .open         =  ces6818_led_open,
    };
```

应用层调用 open()函数时，驱动里的 ces6818_led_open()函数被执行，执行 gpio_request() 函数申请 gpio 资源；应用层调用 close()函数时，驱动里的 ces6818_led_close()函数被执行，执行 gpio_free()函数释放 gpio 资源。应用层调用 read()函数时，驱动里的 ces6818_led_read() 函数被执行，执行 gpio_get_value()函数获取 gpio 引脚的电平状态，并根据电平状态返回 LED 的状态数组 buf。结合 LED 的原理图可知，如果 gpio 为高电平，此时灯灭，返回 0 给应用层；如果 gpio 为低电平，此时灯亮，返回 1 给应用层。

```
    static int ces6818_led_open(struct inode *inode, struct file *file)
    {
        int i;
        for(i=0;i<ARRAY_SIZE(led_table);i++){
                gpio_request(led_table[i],"CES6818_LED");
        }
        return 0;
    }

    static int ces6818_led_close(struct inode *i_node, struct file *filp)
    {
        int i;
        for(i=0;i<ARRAY_SIZE(led_table);i++){
                gpio_free(led_table[i]);
        }
```

```
        return 0;
    }
static ssize_t ces6818_led_read(struct file *filp, char __user *buf, size_t size, loff_t *ppos)
 {
    int i;
    unsigned long offset = *ppos;

    if(buf == NULL || size <=0)
        return -EFAULT;

    if(size>ARRAY_SIZE(led_table))
        size = ARRAY_SIZE(led_table);

    for(i=0;i<size;i++){
        if(gpio_get_value(led_table[i]))
            buf[offset+i] =0;
        else
            buf[offset+i] =1;
    }

    return size;
 }
```

应用层调用 write()函数时，驱动里的 ces6818_led_write()函数被执行，根据应用层传过来的指令数组 buf，执行 gpio_direction_output()函数控制 gpio 引脚的电平状态。当指令为 1 时，gpio 配置为低电平；当指令为 0 时，gpio 配置为高电平。在该驱动文件里，同时也看到两个 LED 的 gpio 引脚配置为 GPIOC11 和 GPIOC12。

```
static ssize_t ces6818_led_write(struct file *filp, char __user *buf, size_t size, loff_t *ppos)
 {
    int i;
    unsigned long offset = *ppos;

    if(buf == NULL || size <=0)
        return -EFAULT;

    if(size>ARRAY_SIZE(led_table))
        size = ARRAY_SIZE(led_table);

    for(i=0;i<size;i++){
        if(buf[offset+i])
            gpio_direction_output(led_table[i],0);
        else
            gpio_direction_output(led_table[i],1);
    }

    return 0;
```

```
    }
    static unsigned long led_table[] = {
        PAD_GPIO_C +11,
        PAD_GPIO_C +12,
    };
```

6.3.4 应用程序编写

1．新建工程

启动 Android Studio，执行"File"→"New Project"命令，在弹出的对话框中，新建工程"LedDemo"，如图 6-16 所示。

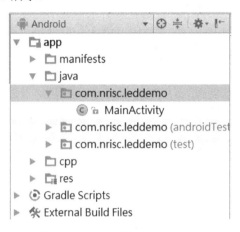

图 6-16　新建工程"LedDemo"

2．编写 MainActivity

```
/**
 * 本地 JNI 层函数，打开 LED 设备，该函数的定义主体在 cpp/native-lib.c 文件中
 * @return 成功打开返回 true，否则返回 false
 */
public native boolean openLed();

/**
 * 本地 JNI 层函数，关闭 LED 设备，该函数的定义主体在 cpp/native-lib.c 文件中
 */
public native void closeLed();

/**
 * 本地 JNI 层函数，设置 led 的状态，该函数的定义主体在 cpp/native-lib.c 文件中
 * @param index led 的序号
 * @param isOn true 表示亮，false 表示灭
 */
public native void setLed(int index,boolean isOn);
```

在这个类中，声明了 3 个本地 JNI 层函数，分别是 openLed()、closeLed()和 setLed()。

openLed()函数的功能是打开 LED 设备；closeLed()函数的功能是关闭 Led 设备；setLed()函数的功能是控制灯的状态。它们都是在 native-lib.cpp 文件里实现的。

3．编写 native-lib.cpp

3 个本地 JNI 层函数的实现具体如下。

（1）Java_com_nrisc_leddemo_MainActivity_openLed()

这个函数的功能是调用 open()函数，打开 LED 设备，其中 LED_DEVICE 是设备节点。也就是说，在控制 LED 状态前，要先调用该函数申请资源。

```cpp
/**
 * 打开 LED 设备，与 MainActivity.java 中的 openLed()函数相关联
 */
jboolean
Java_com_nrisc_leddemo_MainActivity_openLed(
        JNIEnv *env,
         jobject obj) {
        if(fd != -1)
            return 1;

        fd = open(LED_DEVICE, O_RDWR);
        if (-1 == fd) {
            LOGE("Can't Open %s[%d]: %s", LED_DEVICE, errno, strerror(errno));
            return 0;
        }
        return 1;
}
```

（2）Java_com_nrisc_leddemo_MainActivity_setLed()

这个函数的功能是调用 read()和 write()函数，控制 LED 的状态。参数 index 表示 LED 序号，0 表示 LED1，1 表示 LED2。参数 isOn 表示 LED 的状态，为 1 则灯亮，为 0 则灯灭。

```cpp
/**
 * 与 MainActivity.java 中的 setLED(boolean isOn)函数相关联
 * 作用是设置指定的 LED 的状态
 */
void
Java_com_nrisc_leddemo_MainActivity_setLed(
        JNIEnv *env,
        jobject obj,
        jint index,
        jboolean isOn) {
        if(fd == -1) {
            LOGE("Led device is closing.");
            return;
        }

        if(index < 0 || index > 1)
```

```
    return;

unsigned char leds[2];
int l = 0;
// 首先读取 LED 灯的状态
while(l != 2) {
    l = read(fd, leds, 2);
    if(l < 0){
        LOGE("Can not read LED data. error[%d]: %s", errno, strerror(errno));
        return;
    }
}

LOGI("LED: %d,%d.", leds[0], leds[1]);
// 修改指定的 LED 灯的状态
leds[index] = isOn;
// 写入所有的 LED 灯的状态
if (write(fd, leds, 2) < 0) {
    LOGE("Can not write LED data. error[%d]: %s", errno, strerror(errno));
}
}
```

（3）Java_com_nrisc_leddemo_MainActivity_closeLed()

这个函数功能是先调用 ioctl()函数关闭所有的 LED，然后调用 close()函数关闭 LED 设备。当应用退出的时候，要调用该函数释放资源。

```
/**
 * 关闭 Led 设备，与 MainActivity.java 中的 closeLed()函数相关联
 * 在关闭 Led 设备前先要将所有的 LED 关掉
 */
void
Java_com_nrisc_leddemo_MainActivity_closeLed(
        JNIEnv *env,
        jobject obj) {
        int i;

        if(fd != -1){
            for (i = 0; i < 2; i++){
                ioctl(fd, 0, i);
            }
            close(fd);
        }
        fd = -1;
}
```

6.3.5　调试运行

启动教学平台，连接好 USB 线，单击工具栏上的 "Run 'app'" 按钮，进行编译。编译后，

在教学平台看到的界面如图 6-17 所示。

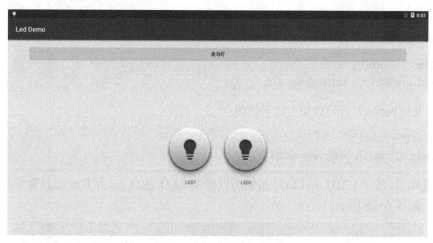

图 6-17　Led Demo 界面

界面上显示了 3 个按钮：走马灯、LED1 和 LED2，此时单击是没有反应的，因为控制 LED 的代码还没实现。

依次展开"app/java/com.nrisc.leddemo"，打开 MainActivity 类。在 MainActivity.java 文件，可以看到 button1 和 button2 按钮监听器的函数体未实现功能。

```
/**
 * 按钮监听器，主要实现蜂鸣器的控制和切换背景图片
 */
ImageButton.OnClickListener listener = new View.OnClickListener() {
    @Override
    public void onClick(View v) {
        switch (v.getId()){
            /* 打开或关闭 LED1 */
            case R.id.button1:
                //未实现，请完成该部分代码
        //需要实现两个功能：1.切换 LED1 的状态；2.切换按钮的背景图片
                break;
            /* 打开或关闭 LED2 */
            case R.id.button2:
                //未实现，请完成该部分代码
        //需要实现两个功能：1.切换 LED1 的状态；2.切换按钮的背景图片
                break;
            /* 启动或停止走马灯线程 */
            case R.id.button3:
                if(run.isRunning)
                    run.isRunning = false;
                else
                    (new Thread(run)).start();
                break;
        }
```

```
        }
    };
```

在 case R.id.button1 语句后加上如下代码：

```
leds[0] = !leds[0];
setLed(0,leds[0]); setBackground(0);
```

在 case R.id.button2 语句后加上如下代码：

```
leds[1] = !leds[1];
setLed(1,leds[1]); setBackground(1);
```

重新编译后，按下 LED1 和 LED2 按钮可以控制 LED 的状态，并且按钮的背景图片也跟着发生变化，如图 6-18 所示。

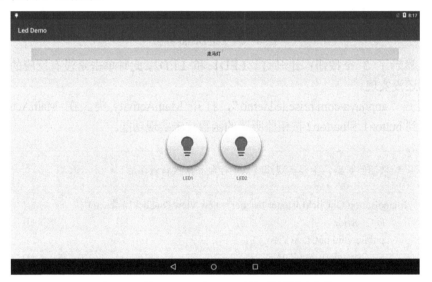

图 6-18　按下 LED1 和 LED2 按钮背景图片变化

此时，走马灯按钮还是没有作用，因为走马灯线程还没实现功能。

```
/**
 * 走马灯线程
 */
private class LedRunnable implements Runnable{
    private boolean isRunning = false;

    @Override
    public void run() {
        System.out.println("Start running.");
        isRunning = true;

        // 不断重复地，按顺序地让前一个灯关闭后再让后一个灯亮起来
        // 每重复一次就暂停 100 毫秒
        int index = 1;
```

```
        while(isRunning) {
            //未实现，请完成该部分代码
            //需要实现的功能：走马灯
        }
        isRunning = false;
        System.out.println("Finish running.");
    }
}
```

在 While 代码块里加入如下代码：

```
leds[index] = false;
setLed(index, leds[index]);
if(++index ==2)
    index -= 2;
leds[index] = true;
setLed(index, leds[index]);
try {
    Thread.sleep(100);
    } catch (InterruptedException e) { e.printStackTrace();
}
```

再重新编译，此时单击走马灯按钮，LED1 和 LED2 闪烁起来。

6.4 项目 12 ADC 模数转换实验

6.4 ADC 模数转换实验

6.4.1 项目原理

ADC 的硬件原理图如图 6-19 所示。

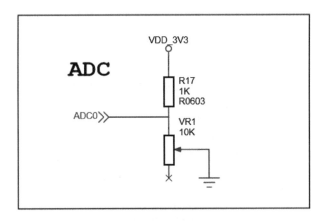

图 6-19 ADC 硬件原理图

可以看到，滑动电阻 VR1 接的是 ADC0，通过调节滑动电阻，ADC0 读取到的值会跟着发生变化。

6.4.2　内核驱动

（1）驱动源码目录

```
lollipop-5.1.1_r6/kernel/drivers/staging/iio/adc/nxp_adc.c
```

（2）内核配置选项

```
Device Drivers --->
[*] Staging drivers       --->
<*> Industrial I/O support      ---> Analog to digital converters    --->
```

选择"Analog Devices SLsiAP driver"，如图 6-20 所示。

```
.config - Linux/arm 3.4.39 Kernel Configuration
                     Analog to digital converters
   Arrow keys navigate the menu.  <Enter> selects submenus --->.
   Highlighted letters are hotkeys.  Pressing <Y> includes, <N> excludes,
   <M> modularizes features.  Press <Esc><Esc> to exit, <?> for Help, </>
   for Search. Legend: [*] built-in  [ ] excluded  <M> module  < >
      < > Analog Devices AD7887 ADC driver
      < > Analog Devices AD7780 AD7781 ADC driver
      < > Analog Devices AD7792 AD7793 ADC driver
      < > Analog Devices AD7816/7/8 temperature sensor and ADC driver
      < > Analog Devices AD7190 AD7192 AD7195 ADC driver
      < > Analog Devices ADT7310 temperature sensor driver
      < > Analog Devices ADT7410 temperature sensor driver
      < > Analog Devices AD7280A Lithium Ion Battery Monitoring System
      < > Maxim max1363 ADC driver
      <*> Analog Devices SLsiAP driver

         <Select>     < Exit >     < Help >
```

图 6-20　选择"Analog Devices SLsiAP driver"

6.4.3　应用程序编写

（1）新建工程

启动 Android Studio，执行"File"→"New Project"命令，在弹出的对话框中新建工程 AdcDemo，如图 6-21 所示。

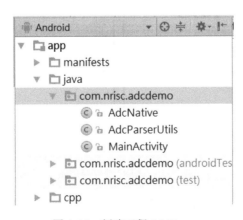

图 6-21　新建工程 AdcDemo

（2）编写 AdcNative 类

在 AdcNative.java 文件中，定义了 AdcNative 类，该类的功能是读取 ADC 数据。

```
package com.nrisc.adcdemo;

/**
 * AdcNative 类，用于读取 ADC 数据，会用到 JNI 层的动态库
 * Created by xxs on 2016/11/12.
 */

public class AdcNative {

    // Used to load the 'native-lib' library on application startup.
    static {
        System.loadLibrary("native-lib");
    }

    /**
     * 本地 JNI 层函数，读取 ADC 数据，该函数的定义主体在 cpp/native-lib.cpp 文件中
     * @param ch ADC 通道，值为 0~7
     * @return   ADC 数据
     */
    public static native int readAdc(int ch);
}
```

在这个类中，声明了一个本地 JNI 层函数 readAdc()，其功能是读取 ADC 数据，在 native-lib.cpp 文件里实现。

（3）编写 native-lib.cpp

native-lib 文件是 JNI 层函数的实现。Java_com_nrisc_adcdemo_AdcNative_readAdc()函数的功能是读取"/sys/bus/iio/devices/iio:device0/in_voltage*_raw"的值。

```
/**
 * 与 AdcNative.java 中的 readAdc(int ch)函数相关联
 * 作用是读取 ADC 数据
 */
jint
Java_com_nrisc_adcdemo_AdcNative_readAdc
        (JNIEnv *env, jobject obj, jint ch){

    FILE *stream=NULL;
    int i=0;
    int a=-1;

    switch(ch){
        case 7:
            stream=fopen(ADC_DIR"in_voltage7_raw","r");
            break;
```

```
            case 6:
                stream=fopen(ADC_DIR"in_voltage6_raw","r");
                break;
            case 5:
                stream=fopen(ADC_DIR"in_voltage5_raw","r");
                break;
            case 4:
                stream=fopen(ADC_DIR"in_voltage4_raw","r");
                break;
            case 3:
                stream=fopen(ADC_DIR"in_voltage3_raw","r");
                break;
            case 2:
                stream=fopen(ADC_DIR"in_voltage2_raw","r");
                break;
            case 1:
                stream=fopen(ADC_DIR"in_voltage1_raw","r");
                break;
            case 0:
                stream=fopen(ADC_DIR"in_voltage0_raw","r");
                break;
            default:
                LOGI("please select the correct adc channel.");
                break;
        }

        if (stream == NULL)
            return errno;

        fscanf(stream,"%d",&a);
        fclose(stream);
        return a;
    }
```

这个应用的主要功能是读取 ADC 的值，然后在界面上显示出来。调用 AdcNative 类的本地 JNI 函数 readAdc()即可得到 ADC 的值，但怎样显示到界面上呢？首先在后台中启动一个每隔 0.5s 就读取一次 ADC 值的线程，然后把该值传给主线程在界面控件上显示出来。注意，在 Android 系统下修改 Activity 的控件内容只能在 Activity 的主线程内修改，如在后台的线程中修改则会抛出异常。

（4）编写 AdcParserUtils 类

实现了一个线程AdcReader，用于读取监听ADC 通道的数据。

```
    /**
     * 一个实现了 Runnable 的类，用于监听 ADC 通道
     */
    private class AdcReader implements Runnable{
```

```java
    public boolean isRunning = false;

    /**
     * 停止监听
     */
    public void stopReader(){
        isRunning = false;
    }

    /**
     * 线程主体，不断循环地从 ADC 通道读取一个整型数据
     */
    @Override
    public void run() {
        Log.i(TAG,"start AdcReader");
        isRunning = true;
        int value;

        while (isRunning){
            /* 读取通道为 0 的 ADC 数据 */
            value = AdcNative.readAdc(0);
            Log.i(TAG,"adc value:" + value);
            /* 解析数据，上传到主界面 */
            parser(value);

            try {
                Thread.sleep(500);   /* 每隔 0.5s 读一次 */
            } catch (InterruptedException e) {
                e.printStackTrace();
            }
        }

        Log.i(TAG,"stop AdcReader");
    }
}
```

调用 AdcNative 类的本地 JNI 函数 readAdc()读取得到数据，然后调用 parser 函数上传数据到主线程。

```java
    /**
     * 解释数据，当接收到数据时就会调用这里来解释数据
     * 解释成功后就传给 Activity
     * @param value ADC 数据
     */
    public void parser(int value){
```

```
if (handler != null) {
    Message message = new Message();
    message.what = 0;
    Bundle data = new Bundle();
    data.putInt("data", value);
    message.setData(data);
    handler.sendMessage(message);
}
}
```

注意，handler 发送数据的标签是"data"，在主界面中接收数据的时候需要用到这个标签。

（5）编写 MainActivity 类

这个类定义了一个 Button 和一个 Edittext 控件，其中 Button 的功能是启动或停止后台读取 ADC 数据的线程。

```
/**
 * 按钮的监听事件，启动或停止读取 ADC 数据
 */
Button.OnClickListener listener = new View.OnClickListener() {
    @Override
    public void onClick(View v) {
        if (isON == true) {
            parser.stopParser();
            button.setText(R.string.start);
        }else {
            parser.startParser();
            button.setText(R.string.stop);
        }

        isON = !isON;
    }
};
```

EditText 控件的功能是显示 hander 接收到的 ADC 值。

```
/**
 * Handler 实例。在 Android 系统修改 Activity 的控件内容只能在 Activity 的主线程
 * 内修改，在别的线程修改会抛出异常。若是想要在别的线程修改控件可以通过 Handler 来修改
 * 在其他线程通过 handler.sendMessage(msg)来发送信息
 */
private Handler handler = new Handler(){
    @Override
    public void handleMessage(Message msg) {
        super.handleMessage(msg);

        switch (msg.what){
```

```
    /**
    *上层应用中实现底层数据的显示
    *底层数据处理类 AdcParserUtils 通过 parser.setHandler(handler)来将上层的 handler
    *设置为底层和上层的通信通道
*底层的数据处理类 AdcParserUtils 通过方法 handler.sendMessage(msg)给上层发送数据
    *上层接收到之后显示出来
    */
    case 0:
        /**
        *未实现，需要实现两个功能
        *step1：获取底层数据
        *step2：将底层数据显示出来
        */
        }
    }
};
```

6.4.4 调试运行

启动教学平台，连接好 USB 线，单击工具栏上的"Run 'app'"按钮进行编译。编译后，在
教学平台看到的界面如图 6-22 所示。

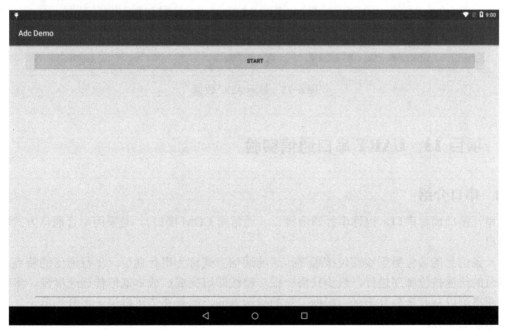

图 6-22　AdcDemo 界面

界面上显示了一个"START"按钮，单击后并没有显示 ADC 数据，因为该部分代码还
没实现。

依次展开"app\java\com.nrisc.adcdemo"，打开 MainActivity 类。在 MainActivity.java 文

件，定位到 hander 的定义。

在 case0 语句后加上如下代码：

```
int value = msg.getData().getInt("data");
editText.setText(getText(R.string.adc_value).toString() + " " + value);
```

重新编译后，单击"START"按钮，即可显示 ADC 数据，如果旋转教学平台的 VR26，ADC 数据将会发生变化，如图 6-23 所示。

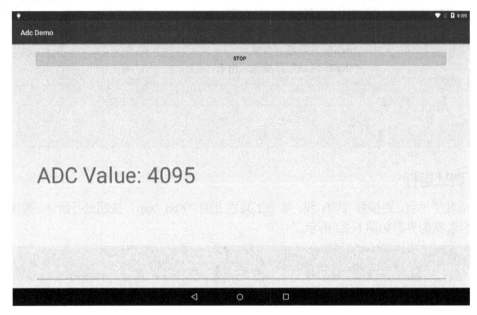

图 6-23　显示 ADC 数据

6.5　项目 13　UART 串口通信实验

6.5.1　串口介绍

串行接口简称串口，也称串行通信接口（通常指 COM 接口），是采用串行通信方式的扩展接口。

一条信息的各位数据被逐位按顺序传送的通信方式称为串行通信。串行通信的特点是：数据位的传送按位顺序进行，最少只需一根传输线即可完成；成本低但传送速度慢。串行通信的距离可以从几米到几千米；根据信息的传送方向，串行通信可以进一步分为单工、半双工和全双工 3 种。

串口的出现是在 1980 年前后，数据传输率是 115～230 kbit/s。串口出现的初期是为了实现连接计算机外设的目的，初期串口一般用来连接鼠标和外置Modem以及摄像头和写字板等设备。串口也可以应用于两台计算机（或设备）之间的互联及数据传输。由于串口（COM）不支持热插拔及传输速率较低，目前部分新主板和大部分便携式计算机已开始取消该接口。目前串口多用于工控和测量设备以及部分通信设备中。

6.5.2 项目原理

UART 硬件原理图如图 6-24 所示，从图中可看出，教学平台的串口信号是由一块 MAX3232CSE 芯片转换输出到 COM 口上的。它的电气标准遵循 RS-232 协议。教学平台上的 4 个串口端口，其中 COM0 用于调试输出，COM1、COM2、COM3 用于串口通信。

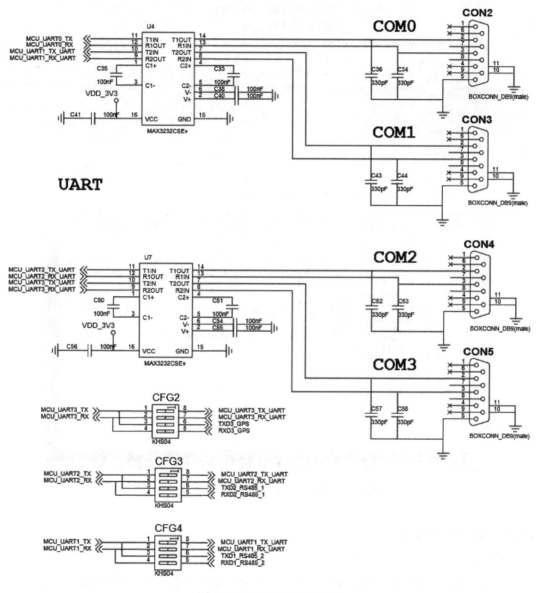

图 6-24 UART 硬件原理图

6.5.3 内核驱动

（1）驱动源码目录

在"lollipop-5.1.1_r6/kernel/drivers/tty/serial"文件夹中，主要文件有 nxp-s3c.c、samsung.c

和 serial_core.c。

（2）内核配置选项

```
Device Drivers --->
    Characterdevices --->
        Serial drivers          --->
            <*> Nexell S3C SoC serial port support
            (6)          Available UART ports
    [*]Support for console on Nexell S3C serial port
    [*]Serial port 0
    [*]Use DMA
    [*]Serial port 1
    [*]Use DMA
    [*] Serial port 2
    [*] Use DMA
    [*] Serial port 3
```

选中"Available UART ports"选项，如图 6-25 所示。

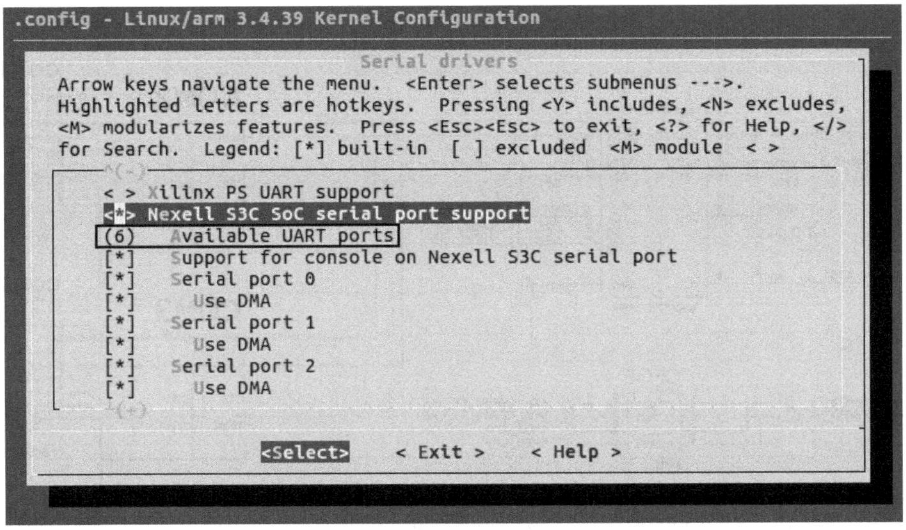

图 6-25　选中"Available UART ports"选项

6.5.4　应用程序编写

（1）新建工程

启动 Android Studio，执行"File"→"New Project"命令，在弹出的对话框中，新建工程 SerialPort，如图 6-26 所示。

（2）Android 层代码编写

Android 层的代码主要有 3 个文件：MainActivity.java、SerialTransceiver.java 和 SerialPort.java。MainActivity 是主界面类，是对接收到的数据进行显示和输入要发送的数据。SerialTransceiver 是串口传输类，主要是对串口数据进行监听与发送。SerialPort 类是与

JNI 相连接的类，其关系如图 6-27 所示。

图 6-26　新建工程SerialPort

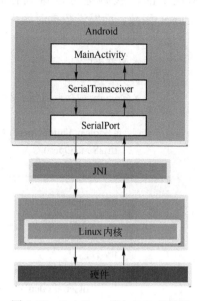

图 6-27　SerialPort 类与 JNI 的关系

MainActivity 类主要的作用是显示内容。这里重点介绍打开/关闭串口按键，显示接收到的数据文本框和发送数据按键。

```java
/**
 * 按键事件响应函数
 */
@Override
public void onClick(View v) {
    switch(v.getId()) {
        case R.id.button_serial: // 打开和关闭串口
            if(isSerialOpen) {
                buttonClose();
                ((Button) v).setText(R.string.button_open);
            }
            else {
                if(buttonOpen())
                    ((Button) v).setText(R.string.button_close);
            }
            break;
        case R.id.button_send:        // 发送数据
            buttonSend();
            break;
        case R.id.button_clear:       // 清除接收到的数据
            editIn.getText().clear();
            break;
    }
}
```

从这上面的代码里可以看到打开串口调用了 buttonOpen()函数，关闭串口调用了 buttonClose()函数，而发送数据时调用了 buttonSend()函数。

```
/**
 * 打开串口
 *
 * @return 成功返回 true，否则返回 false
 */
private boolean buttonOpen() {
    if(isSerialOpen)
        return true;

    if(!checkDevice())
        return false;

    try {
        int rate = Integer.parseInt(baudRate);
        if(serial.openDevice(deviceName, rate)) {
            transceiver.setInputStream(serial.getInputStream());
            transceiver.setOutputStream(serial.getOutputStream());
            transceiver.start();
            isSerialOpen = true;
            return true;
        }
    } catch (Exception e) {
        e.printStackTrace();
    }
    return false;
}
```

在打开串口时，需要先检查所要打开的设备的读写权限。只有拥有读写权限时才可以通过 serial.openDevice(deviceName, rate)函数打开设备，并设置数据传输器的输入/输出流。最后调用 transceiver.start()函数开始数据传输。

```
/**
 * 关闭串口
 */
private void buttonClose() {
    if(!isSerialOpen)
        return;

    transceiver.stop();
    serial.closeDevice();
    isSerialOpen = false;
}
```

关闭串口时先要调用 transceiver.stop()函数停止数据传输后才通过 serial.closeDevice()函

数关闭设备。

```java
/**
 * 发送串口数据
 */
private void buttonSend() {
    if(!isSerialOpen)
        Toast.makeText(this, R.string.msg_close,
                Toast.LENGTH_SHORT).show();

    byte[] data;
    String textOut = editOut.getText().toString();
    if(textOut.equals("")) {
        Toast.makeText(this, R.string.msg_not_empty,
                Toast.LENGTH_SHORT).show();
        return;
    }

    if(isHEX) {
        data = hexStringToByte(textOut);
        if(data == null) {
            Toast.makeText(this, R.string.msg_error_send,
                    Toast.LENGTH_SHORT).show();
            return;
        }
    }
    else {
        data = textOut.getBytes();
    }
    transceiver.write(data, 0, data.length);
}
```

在发送串口数据时先要查看串口是否已经被打开，然后再从发送文本框里获取数据内容，之后通过 transceiver.write(data, 0, data.length)函数向传输器写入数据，最后这些数据会在transceiver 里写入串口。

这样串口就可以打开/关闭，也可以写入数据。那么接收到的数据要如何得到？MainActivity 类是实现了一个 ReceiverListener 的接口，而这个接口正是串口接收监听器的接口，一旦串口接收到数据就会调用这个监听器里的 onReceive()函数。

```java
/**
 * 串口数据接收监听器响应处，当串口接收到数据时就会调用这个函数
 * 在这个函数里得到串口数据后再将数据交到 Handler，再由 Handler 让文本框显示
 * 因为只有在主线程才可以修改界面的内容，这个函数是在串口接收线程响应的，而 Handler
 * 是在主线程里运行的
 */
@Override
public void onReceive(byte oneByte) {
```

```
String str = "";
// 判断是否为十六进制模式，并将数据修改成不同模式内容
if(isHEX) {
        int h = (oneByte >>> 4) & 0xF;
        int l = oneByte & 0xF;
        char ch = (char) ((h < 10)? ('0' + h) : ('A' + h - 10));
        char cl = (char) ((l < 10)? ('0' + l) : ('A' + l - 10));
        str = " ";
        str += ch;
        str += cl;
}
else {
        str += (char) oneByte;
}

// 交给 Handler
Message msg = new Message();
msg.what = 0;
Bundle data = new Bundle();
data.putString("text", str);
msg.setData(data);
handler.sendMessage(msg);
}
```

onReceive()函数里的参数 oneByte 正是接收到的数据。接收到的数据并不能直接让文本框显示，必须交给 Handler 来显示。这是因为在 Android 里除了主线程外的其他线程是不能修改界面的显示内容的。

SerialTransceiver 类是串口数据传输类。串口数据的收发的工作实际是由这个类完成的。MainActivity 类里的写入数据是写入到 SerialTransceiver 类里的一个缓存里，而onReceive 函数也是由 SerialTransceiver 类调用的。这个类会启动两个线程来进行串口数据的监听与发送，这样就可以做到同时接收与发送，当 MainActivity 类里调用到 transceiver.start()函数时就会启动这两个线程。

```
/**
 * 启动线程
 */
public void start() {
        write = new WriteRunnable();
        write.isRunnung = true;
        (new Thread(write)).start();

        read = new ReadRunnable();
        read.isRunnung = true;
        (new Thread(read)).start();
}
```

当调用到 transceiver.stop()函数时会关闭这两个线程。

```
/**
 * 停止线程
 */
public void stop() {
    if(write != null) {
        write.isRunnung = false;
        synchronized (writeBuffer) {
            writeBuffer.notifyAll();
        }
    }

    if(read != null)
        read.isRunnung = false;
}
```

这个写线程有一个特点就是当写入缓存为空时就会阻塞，所以要关闭这个线程就要先通过 writeBuffer.notifyAll()函数将这个线程唤醒。而这个写入缓存的内容是由 MainActivity 调用 transceiver.write(data, 0, data.length)函数来添加的。

```
/**
 * 写入数据，这个数据会先写入到一个缓存里，然后再通知输出线程将数据发送出去
 *
 * @param data  数据
 * @param offset  有效偏移量
 * @param size  数据大小
 * @return  成功返回 true，否则返回 false
 */
public boolean write(byte[] data, int offset, int size) {
    if(data == null)
        throw new NullPointerException("data = null");
    if(offset + size > data.length)
        throw new IndexOutOfBoundsException("offset + size > data.length");

    synchronized (writeBuffer) {
        if(size > 1024 - writeIn)
            return false;

        System.arraycopy(data, offset, writeBuffer, writeIn, size);
        writeIn += size;
        writeBuffer.notifyAll();
    }

    return true;
}
```

在这个函数里会先将 data 里的数据复制到 writeBuffer 里，然后再通过 writeBuffer.notifyAll()

来唤醒可能已经阻塞的发送线程。接下来看一下这两个线程：

```java
    /**
     * 数据输出线程主体
     *
     * @author Hong
     *
     */
    private class WriteRunnable implements Runnable {

        private boolean isRunnung = false;

        @Override
        public void run() {
            System.out.println("Start WriteRunnable!");
            if(outputStream == null)
                isRunnung = false;

            try {
                while(isRunnung) {
                    synchronized (writeBuffer) {
                        // 当缓存为空时会阻塞
                        while(isRunnung && (writeIn == writeOut))
                            writeBuffer.wait();
                        if(!isRunnung)
                            break;

                        // 将数据写入输出流
                        int size = writeIn - writeOut;
                        outputStream.write(writeBuffer, writeOut, size);
                        writeOut += size;
                        if(writeIn == writeOut) {
                            writeIn = 0;
                            writeOut = 0;
                        }
                    }
                }
            } catch (Exception e) {
                e.printStackTrace();
            }

            isRunnung = false;
            System.out.println("finish WriteRunnable!");
        }
    }
```

这是数据发送线程，当缓存为空时会阻塞。在这里可以看到发送数据是用 outputStream.

write(writeBuffer, writeOut, size)函数，这个与 LED 控制实验里用到的 C 语言的 write 函数不一样。但是实质上它们两个也是一样的，因为 outputStream.write()函数到最后也是会去调用 C 语言的 write 函数，不同的是 outputStream.write()函数的 JNI 层是由系统提供的。

```java
/**
 * 监听输入线程主体
 *
 * @author Hong
 *
 */
private class ReadRunnable implements Runnable {

    private boolean isRunnung = false;

    @Override
    public void run() {
        System.out.println("Start ReadRunnable!");
        if(inputStream == null)
            isRunnung = false;

        try {
            while(isRunnung) {
                // 从输入流读取数据
                byte[] buffer = new byte[64];
                int size = inputStream.read(buffer);
                if (size > 0) {
                    for(int i = 0; i< size; i++) {
                        //System.out.println("oneByte=" + buffer[i]);
                        if(listener != null)
                            listener.onReceive((byte) (buffer[i] & 0xFF));
                    }
                }
            }
        } catch (Exception e) {
            e.printStackTrace();
        }

        isRunnung = false;
        System.out.println("finish ReadRunnable!");
    }
}
```

这是接收线程，可以用这个线程来监听串口接收到的数据，防止出现数据丢失。可以看到用 inputStream.read()函数来读取串口设备的数据，与上面的 outputStream.write 函数一样，到最后都会调用到系统 JNI 层的 read()函数。当读取到数据后这个线程会通过 listener. onReceive((byte) (oneByte & 0xFF))接口函数发给 MainActivity。这就是为什么在 MainActivity

里的 onReceive()函数不在主线程运行的原因，因为 onReceive()函数是在这个接收线程被调用的。

SerialPort 类是与 JNI 相连的类，在这个类里会声明 native()函数的加载动态库。在这个类里声明了两个 native()函数：

```
/**
 * 声明本地函数，打开串口，在 jni/serial_port.c 里定义
 *
 * @param path 串口设备路径
 * @param baudrate 串口波特率
 * @return 串口设备的文件描述符
 */
private native FileDescriptor open(String path, int baudrate);

/**
 * 声明本地函数，关闭串口，在 jni/serial_port.c 里定义
 *
 * @param fd 已经打开的串口设备描述符
 * @return 成功返回 true，否则返回 false
 */
private native boolean close(FileDescriptor fd);
```

这两个函数是用于打开串口设备与关闭串口设备的，至于读写函数则由系统提供。在 MainActivity 里并不是直接调用这两个函数来打开和关闭串口的，而是调用 openDevice()与 closeDevice()函数来打开和关闭串口。

```
/**
 * 打开串口设备，打开成功后就获取其输入输出流
 *
 * @param deviceName 串口设备名
 * @param baudrate 串口波特率
 * @return 成功返回 true，否则返回 false
 */
public boolean openDevice(String deviceName, int baudrate) {
    if(deviceName == null || baudrate < 0)
        return false;

    fd = open(deviceName, baudrate);
    if(fd != null) {
        fis = new FileInputStream(fd);
        fos = new FileOutputStream(fd);
        return true;
    }
    return false;
}
```

在这个打开设备函数里会调用 native 的 open()函数来打开串口，然后再获取其输入/输出

流。需要注意的是并不是所有的输入/输出流都会调用到系统 JNI 层的 read()和 write()函数，可以看到创建的输入流和输出流分别是 FileInputStream 与 FileOutputStream，也只有这两个输入/输出流才能调用到系统 JNI 层的 read()和 write()函数。

```java
/**
 * 关闭串口设备，关闭前先关闭其输入输出流
 */
public void closeDevice() {
    if(fd != null) {
        try {
            fos.close();
            fis.close();
        } catch (IOException e) {
            e.printStackTrace();
        }
        close(fd);
        fd = null;
    }
}
```

上面的代码是关闭设备函数，会调用到 native 的 close()函数，但是在关闭串口之前还需要先关闭输入/输出流。

（3）JNI 层代码编写

JNI 层主要有两个函数：Java_com_CES_SerialPort_SerialPort_open()与 Java_com_CES_SerialPort_SerialPort_close()，分别对应着 SerialPort 类里的 open()与 close()函数。这里打开与关闭的方式与 LED 控制实验里的一样，都是用系统 API 里的 open()与 close()函数。

串口打开成功后还需要设置一些参数，如波特率等。

```c
//设置串口参数
struct termios Opt;
tcgetattr(fd, &Opt);
cfmakeraw(&Opt);
tcflush(fd, TCIFLUSH);
cfsetispeed(&Opt, speed);
cfsetospeed(&Opt, speed);

Opt.c_cflag |= CS8;
Opt.c_cflag &= ~PARENB;
Opt.c_oflag &= ~(OPOST);
Opt.c_cflag &= ~CSTOPB;
Opt.c_lflag &= ~(ICANON | ISIG | ECHO | IEXTEN);
Opt.c_iflag &= ~(INPCK | BRKINT | ICRNL | ISTRIP | IXON);
Opt.c_cc[VMIN] = 0;
Opt.c_cc[VTIME] = 0;

if (tcsetattr(fd, TCSANOW, &Opt) != 0) {
```

```
            LOGE("SetupSerial![%d]: %s", errno, strerror(errno));
            goto exit;
        }
```

这段代码是在 Java_com_CES_SerialPort_SerialPort_open()函数里的。设置完参数后还需要创建一个 FileDescriptor 类的实例。FileDescriptor 类是一个 Java 类，但是 JNI 里提供了一系列的函数来与 Java 互动，所以可以在 JNI 里创建 Java 的类，也可以在 JNI 里访问 Java 的函数。

```
// 用 JNI 函数创建一个 FileDescriptor 类的实例
    jclass cls = (*env)->FindClass(env, "java/io/FileDescriptor");
    jmethodID initId = (*env)->GetMethodID(env, cls, "<init>", "()V");
    jfieldID fieldId = (*env)->GetFieldID(env, cls, "descriptor", "I");
    jobject obj = (*env)->NewObject(env, cls, initId);
    (*env)->SetIntField(env, obj, fieldId, (jint)fd);
```

在这里创建的 FileDescriptor 类的实例会当成这个函数的返回值。

```
/**
 * 与 SerialPort.java 中的 close(FileDescriptor fd)函数相关联
 * 作用是关闭串口设备
 */
JNIEXPORT jboolean JNICALL Java_com_CES_example_SerialPort_SerialPort_close
  (JNIEnv *env, jobject object, jobject descriptor)
{
    if(descriptor != NULL) {
        // 用 JNI 函数得到参数 descriptor 里的"descriptor"属性值
        // "descriptor"属性是在 FileDescriptor 类里的
        jclass cls = (*env)->FindClass(env, "java/io/FileDescriptor");
        jfieldID fieldId = (*env)->GetFieldID(env, cls, "descriptor", "I");
        jint fd = (*env)->GetIntField(env, descriptor, fieldId);
        LOGI("Close fd=%d", fd);
        // 关闭设备
        close(fd);
    }

    serial = -1;
    isInit = 0;
    return 1;
}
```

上面的代码是在 Java_com_CES_SerialPort_SerialPort_close()函数里的。关闭设备所需要的文件描述符 fd 是通过一个 FileDescriptor 类的实例获取的。

6.5.5 调试运行

启动教学平台，连接好 USB 线，单击工具栏上的"Run 'app'"按钮进行编译，如图 6-28所示。

图 6-28　单击工具栏上的"Run 'app'"按钮

编译后，在教学平台看到的界面如图 6-29 所示。

图 6-29　SerialPort 界面

（1）测试COM1 端口

拨码开关：CFG4[1..4] = ON ON OFF OFF

用直连串口线连接教学平台的 COM1 端口到 PC 上，在 PC 上打开 minicom，如图 6-30 所示。

图 6-30　PC 上打开minicom

教学平台的 SerialPort 应用界面中，设置如图 6-31 所示。

串口：/dev/ttySAC1

波特率：115200

图 6-31　SerialPort 应用界面参数设置

设置完后，单击"打开"按钮，取消 HEX（HEX 表示十六进制）选择，如图 6-32 所示。

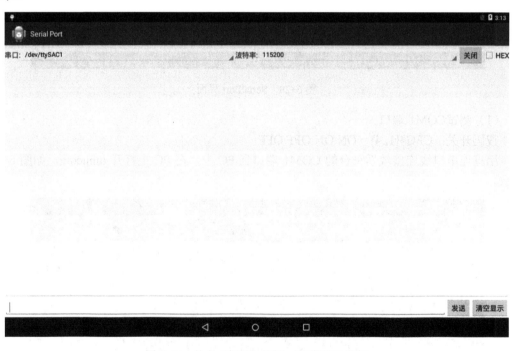

图 6-32　单击"打开"按钮，取消 HEX 选择

从 PC 上向教学平台发送数据，在 Ubuntu 的 minicom 上输入字符，教学平台上可以看到发送的字符，如图 6-33 所示。

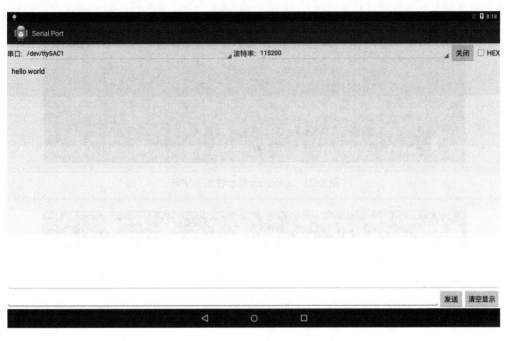

图 6-33　教学平台上看到发送的字符

从教学平台向 PC 发送数据，输入字符，单击"发送"按钮，如图 6-34 所示。

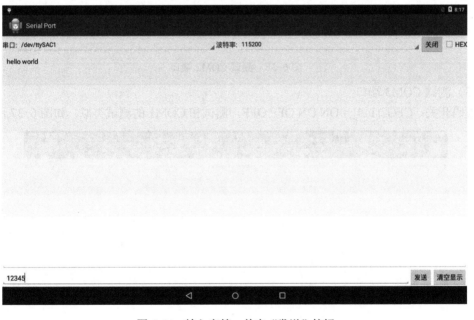

图 6-34　输入字符，单击"发送"按钮

Ubuntu 的 minicom 可以显示收到的字符，如图 6-35 所示。

（2）测试 COM2 端口

拨码开关：CFG3[1..4] = ON ON OFF OFF，测试和 COM1 的测试类似，如图 6-36 所示。

图 6-35　minicom 显示收到的字符

图 6-36　测试 COM2 端口

（3）测试 COM3 端口

拨码开关：CFG2[1..4] = ON ON OFF OFF，测试和 COM1 的测试类似，如图 6-37 所示。

图 6-37　测试 COM3 端口

6.6 项目 14 WiFi 无线通信实验

6.6.1 WiFi 介绍

WiFi 是一种可以将个人计算机、手持设备（如 PDA、手机）等终端以无线方式互相连接的技术。WiFi 是一个无线网路通信技术的品牌，由 WiFi 联盟（WiFi Alliance）所持有。目的是改善基于IEEE 802.11 标准的无线网路产品之间的互通性。

WiFi 原先是无线保真的缩写，WiFi 英文全称为 wireless fidelity，在无线局域网的范畴是指"无线相容性认证"，实质上是一种商业认证，同时也是一种无线联网技术。常见的应用是无线路由器，无线路由器的电波覆盖的有效范围都可以采用 WiFi 连接方式进行联网，如果无线路由器连接了一条 ADSL 线路或者其他的上网线路，则又被称为"热点"。

Android 系统在框架层设计了对 WiFi 无线网络的上层应用支持。WiFi 的运行流程如图 6-38 所示。

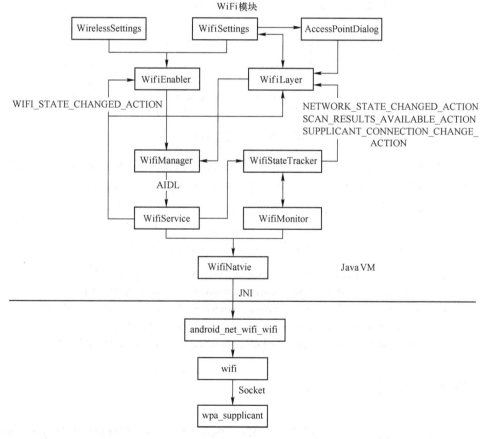

图 6-38　WiFi 运行流程图

6.6.2 内核驱动

驱动源码目录:

> lollipop-5.1.1_r6/hardware/realtek/wlan/driver/rtl8723BU_WiFi_linux

6.6.3 项目原理

项目的流程图如图 6-39 所示。

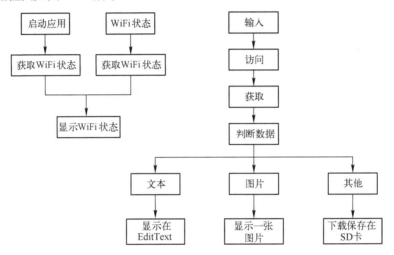

图 6-39 项目的流程图

应用一开始就会去获取 WiFi 状态,然后显示 WiFi 状态。当 WiFi 状态发生改变时系统就会广播一条事件,这时会获取这个广播,然后获取 WiFi 状态并显示 WiFi 状态。

在访问 HTTP 网络前需要输入一个网址。访问这个网址并获取报头信息,并判断访问的是什么类型数据,如果是文本数据就打印在 EditText 里,如果是图片数据就显示一张图片,如果是其他类型就下载并保存在 SD 卡里。所以在这里需要以下权限:

```
<uses-permission android:name="android.permission.ACCESS_WIFI_STATE" />
<uses-permission android:name="android.permission.CHANGE_WIFI_STATE" />
<uses-permission android:name="android.permission.CHANGE_NETWORK_STATE" />
<uses-permission android:name="android.permission.INTERNET" />
<uses-permission android:name="android.permission.WRITE_EXTERNAL_STORAGE" />
```

6.6.4 应用程序编写

(1) 新建工程

启动 Android Studio,执行"File"→"New Project"命令,在弹出的对话框中,新建工程文件"wifi",如图 6-40 所示。

图 6-40　新建工程WifiApp

（2）系统 API 介绍

WifiManager 类：这个类提供了 WiFi 连接方面管理的主要 API。可以通过 Context. getSystemService(Context.WIFI_SERVICE)函数来获取一个 WifiManager 的实例。它处理以下几方面的内容。

1）配置网络的列表。此列表可以查看、更新和修改个别条目的属性。

2）当前正在使用的 WiFi 网络。连接可以建立或断开，网络状态的动态信息可以被获得。

3）扫描网络。可以获得足够的信息来确定哪个网络可以建立连接。

4）根据不同的网络动作定义了很多名称，然后再根据不同的 WiFi 网络状态广播不同事件的名称。

WifiInfo 类：描述了任何 WiFi 连接的状态是活跃的、处理的还是正建立的。WifiInfo 类里可以获得 WiFi 连接的很多信息。

（3）代码编写

MainActivity 启动时需要获取 WiFi 状态。

```
wifiManager = (WifiManager) getSystemService(WIFI_SERVICE);
        wifiState = wifiManager.getWifiState();
        showWifiState();
```

当 WiFi 的状态发改变时系统会发出一个广播事件，这时就需要一个接收器来接收这些广播事件。

```
/**
    * WiFi 状态接收器，当 WiFi 状态改变时这个接收器就会收到一个广播，并显示 WiFi 状态
    * 这个接收器是动态注册的
    */
private BroadcastReceiver wifiStateChangeReciver = new BroadcastReceiver(){

        @Override
        public void onReceive(Context context, Intent intent) {
```

```
                    String action = intent.getAction();
                    if(WifiManager.WIFI_STATE_CHANGED_ACTION.equals(action) ||
                            WifiManager.NETWORK_STATE_CHANGED_ACTION.equals(action)) {
            //          System.out.println(action);
                        wifiState = wifiManager.getWifiState();
                        showWifiState();

                        if(wifiState == WifiManager.WIFI_STATE_ENABLED)
                            wifi.setText(R.string.button_wifi_close);
                        else
                            wifi.setText(R.string.button_wifi_open);
                    }
                }
            };
```

在这个广播接收器里定义两种事件：WIFI_STATE_CHANGED_ACTION（当 WiFi 关闭和打开时广播）和 NETWORK_STATE_CHANGED_ACTION（当 WiFi 的连接发生改变时广播），凡接收到这两个广播都要去获取 WiFi 状态，然后显示出来。除了获取 WiFi 状态外还可以打开和关闭 WiFi，搜索 WiFi 信号。

```
    /**
        * 打开和关闭 WiFi
        *
        * @param isOpen 是否打开 WiFi
        */
    private void wifiOpenClose(boolean isOpen) {
        if(wifiManager.isWifiEnabled() != isOpen){
            wifiManager.setWifiEnabled(isOpen);
        }
    }

    /**
        * 搜索 WiFi 信号，搜索到的信号会通过 EditText 显示出来
        */
    private void scanNetWork() {
        wifiManager.startScan();
        List<ScanResult> wifiResults = wifiManager.getScanResults();

        StringBuffer strbuf = new StringBuffer();
        strbuf.append("扫描到的 WiFi 网络：\n");

        if(wifiResults != null){
            for(ScanResult reult : wifiResults){
                strbuf.append(reult.BSSID + "    ");
                strbuf.append(reult.SSID + "    ");
                strbuf.append(reult.capabilities + "    ");
                strbuf.append(reult.frequency + "    ");
```

```
                        strbuf.append(reult.level + "\n\n");
                    }
                }
                text.setText(strbuf.toString());
        }
```

HTTP 的连接需要用 HTTP 协议，这一部分的 API 都已经被 Java 封装好。HTTP 协议与无线网或有线网无关，只要是连接上网络这一部分都是一样的，代码里 HttpConnection 类就是 HTTP 连接的内容。HTTP 的连接是用一个线程完成的，它首先需要获取连接的报头，以便判断是什么类型的数据。

```
    /**
                * 获取网络数据类型，每个 HTTP 连接都会有数据报头，Content-Type 就是类型报头
                  的 KEY
                *
                * @param urlConn HttpURLConnection 的连接
                * @return 数据类型
                */
                private String getConnectionType(HttpURLConnection urlConn) {
                    String ctype = urlConn.getHeaderField("Content-Type");
                    int i = ctype.indexOf("/");
                    if(i != -1)
                            return ctype.substring(0, i);
                    return null;
                }
```

然后就可以根据这个报头来决定接下来要执行的动作。

```
    if(type != null) {
                            if(type.equals("text") || type.equals("image")) {
                                // 文本与图片类型需要获取全部的数据，并发送到监听器
                                byte[] data = getConnetionData(strUrl);
                                if(listener != null)
                                    listener.onReceive(type, data);
                            }
                            else if(listener != null) {
                                // 未知类型就要判断是否需要下载
                                downLoadSize = getConnectionLength(conn);
                                listener.onReceive(type, null);
                                // 在未确定前需要挂起线程
                                synchronized(this) {
                                    wait();
                                }
                                if(isDownLoad) {
                                    // 下载文件
                                    listener.onReceive("text", "开始下载……".getBytes());
                                    // 获取输入流
```

```
                                    InputStream is = conn.getInputStream();
                                    String sf = downLoadToSD(is);
                                    is.close();

                                    if(isrunning && sf != null)
                                            listener.onReceive("text",
                                                        ("文件已下载到：" + sf + ".").getBytes());
                                    else if(isrunning && sf == null)
                                            listener.onReceive("text", "下载失败。".getBytes());
                                    else if(!isrunning)
                                            listener.onReceive("text", "下载被中断了。".getBytes());
                            }
                            else {
                                    listener.onReceive("text", "下载取消。".getBytes());
                            }
                    }
```

这里有一个监听器，是用来通知 MainActivity 的，以便让 MainActivity 做出相应的动作。

```
        /**
         * 接收到 HttpConnection 发过来的消息
         * 由于该类实现了{@link HttpConnectionListener}接口，所以要重写这个方法
         * 这个接口在 HttpConnection 里定义
         * 这里会收到 3 种类型
         * 一：文本类型，这时会将这些文本通过 Handler 存储在 EditText 里显示
         * 二：图片类型，这时会通过 Handler 来跳转到另一个界面来显示图片
         * 三：未知类型，这个类型是要下载的，先通过 Handler 来弹出一个对话框提示是否要下载，
         * 如果要下载就下载并保存在 SD 卡里
         */
        @Override
        public void onReceive(String type, byte[] data) {
                System.out.println("onReceive: " + type);
                Message msg = new Message();
                Bundle b = new Bundle();

                if(type.equals("text") && data != null) { // 接收到文本类型
                        String text = new String(data);
                        msg.what = 0;
                        b.putString("text", text);
                }
                else if(type.equals("image") && data != null) { // 接收到图片类型
                        msg.what = 1;
                        b.putByteArray("image", data);
                }
                else { // 接收到未知类型
                        msg.what = 2;
                }
```

```
                    msg.setData(b);
                    handler.sendMessage(msg);
        }
```

onReceive 接收到通知后都是用 Handler 来完成相应的动作。GetConnetionData 函数是用来获取 HTTP 连接的全部数据。

```
/**
                * 获取连接的全部数据，这里用到的连接方式与下载的不一样，下载用的是
                  HttpURLConnection 连接，而这里用的是 HttpClient 连接。HttpClient 实际上是
                  HttpURLConnection 的一个封装
                * @param url  连接地址
                *
                * @return  连接的全部数据
                *
                * @throws IOException
                */
                private byte[] getConnetionData(String url) throws IOException {
                    // 生成一个 HTTP 的请求
                    HttpGet httpRequest = new HttpGet(url);
                    // 创建 HttpClient
                    HttpClient httpclient = new DefaultHttpClient();
                    // 得到 HTTP 的回应
                    HttpResponse httpResponse = httpclient.execute(httpRequest);
                    if (httpResponse.getStatusLine().getStatusCode() == HttpStatus.SC_OK) {
                        // 获取数据
                        return EntityUtils.toByteArray(httpResponse.getEntity());
                    } else {
                        return "请求错误！".getBytes();
                    }
                }
```

这里用的是 HttpClient 方式来获取数据。而下载方面用的是 HttpURLConnection 方式来获取数据。

```
/**
                * 下载数据到 SD 卡，这里用的是 HttpURLConnection 的连接方式来获取数据
                * 这里用这种方式主要是因为要下载的文件可能会很大，用输入流来获取数据可以
                * 一部分一部分的来读取并保存，这样便于线程的控制
                * 而 HttpClient 获取数据是会在全部获取到之后才会返回，这样可能会使线程
                * 长时间的阻塞
                *
                * @param is HTTP 输入流
                *
                * @return  下载路径
                *
                * @throws IOException
```

```
                                     */
                private String downLoadToSD(InputStream is) throws IOException {
                        String sdcardPath = null;
                        // 判断是否存在 SD 卡
                        boolean sdcardExist = Environment.getExternalStorageState()
                                        .equals(android.os.Environment.MEDIA_MOUNTED);
                        if(sdcardExist){
                                // 获取 SD 卡路径和保存文件的路径
                                File sdcardDir = Environment.getExternalStorageDirectory();
                                sdcardPath = sdcardDir.getPath();
                                String savePath = sdcardPath + "/com.CES.wifi";
                                String saveFile = savePath + "/downLoad";
                                System.out.println("saveFile: " + saveFile);

                                // 判断保存路径是否存在，若不存在就生成路径
                                File path = new File(savePath);
                                if(!path.exists())
                                        path.mkdir();
                                // 判断保存文件是否存在，若不存在就生成文件
                                File file = new File(saveFile);
                                if(!file.exists())
                                        file.createNewFile();

                                // 获取文件输出流
                                FileOutputStream fos = new FileOutputStream(file);
                                byte[] buf = new byte[1024 * 4];
                                while(isrunning) {
                                        // 读取网络数据
                                        int len = is.read(buf);
                                        if(len > 0) {
                                                // 写入文件
                                                fos.write(buf, 0, len);
                                                fos.flush();
                                        }
                                        else if(len < 0)
                                                break;
                                }
                                fos.close();
                                return saveFile;
                        }
                        return null;
                }
        }
```

　　下载数据到 SD 卡，在这里用的是 HttpURLConnection 的连接方式来获取数据，主要是因为要下载的文件可能会很大。用输入流来获取数据可以一部分一部分地来读取并保存，这

样便于线程的控制。而 HttpClient 获取数据是会在全部获取到之后才返回，这样可能会使线程长时间的阻塞。

6.6.5 调试运行

1）启动教学平台，连接好 USB 线，单击工具栏上的"Run 'app'"按钮进行编译。编译后，在教学平台看到的界面如图 6-41 所示。

图 6-41　WiFi 实验界面

2）单击"打开 WiFi"和"扫描 WiFi"按钮，可以看到可连接的 WiFi，如图 6-42 所示。

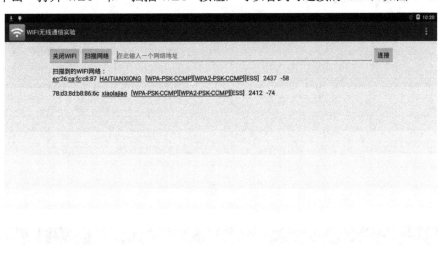

图 6-42　扫描到 WiFi 网络

3）进入设置，连接 WiFi，如图 6-43 所示。

图 6-43　连接 WiFi

4）输入"http"开头的图片网址，如图 6-44 所示。

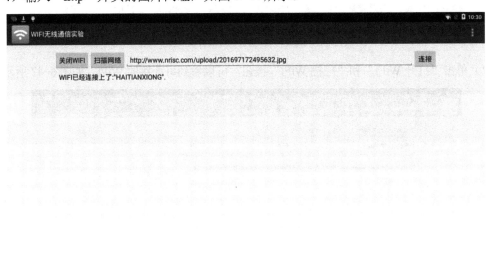

图 6-44　输入"http"开头的图片网址

5）单击"连接"按钮，即可显示图片。

6.7 项目 15 GPS 定位系统实验

6.7.1 GPS 工作原理

GPS 导航系统是以全球 24 颗定位人造卫星为基础，向全球各地全天候地提供三维位置、三维速度等信息的一种无线电导航定位系统。它由 3 部分构成：一是地面控制部分，由主控站、地面天线、监测站及通信辅助系统组成；二是空间部分，由 24 颗卫星组成，分布在 6 个轨道平面；三是用户装置部分，由 GPS 接收机和卫星天线组成。民用的定位精度可达 10 m 内。

GPS 目前被广泛运用于移动互联网设备中，随着智能手机市场的兴起，行业总产值逐步加大。常见的移动设备中的 GPS 系统由以下部分组成。

（1）空间部分

GPS 的空间部分是由 24 颗卫星组成（21 颗工作卫星，3 颗备用卫星），它位于距地表 20200 km 的上空，运行周期为 12 h。卫星均匀分布在 6 个轨道面上（每个轨道面 4 颗），轨道倾角为 55°。卫星的分布使得在全球任何地方、任何时间都可观测到 4 颗以上的卫星，并能在卫星中预存导航信息，GPS 的卫星因为大气摩擦等问题，随着时间的推移，导航精度会逐渐降低。

（2）地面控制系统

地面控制系统由监测站（Monitor Station）、主控制站（Master Monitor Station）、地面天线（Ground Antenna）组成。主控制站位于美国科罗拉多州春田市（Colorado. Springfield）。地面控制站负责收集由卫星传回的信息，并计算卫星星历、相对距离、大气校正等数据。

（3）用户设备部分

用户设备部分即 GPS 信号接收机，主要功能是能够捕获到按一定卫星截止角所选择的待测卫星，并跟踪这些卫星的运行。当接收机捕获到跟踪的卫星信号后，就可测量出接收天线至卫星的伪距离和距离的变化率，解调出卫星轨道参数等数据。根据这些数据，接收机中的微处理计算机就可按定位解算方法进行定位计算，计算出用户所在地理位置的经纬度、高度、速度、时间等信息。接收机硬件和机内软件以及 GPS 数据的后处理软件包构成完整的 GPS 用户设备。GPS 接收机的结构分为天线单元和接收单元两部分。接收机一般采用机内和机外两种直流电源。

设置机内电源的目的在于更换外电源时不中断连续观测。在用机外电源时机内电池自动充电，关机后机内电池为 RAM 存储器供电，以防止数据丢失。各种类型的接收机体积越来越小，重量越来越轻，便于野外观测使用。其次则为使用者接收器，现有单频与双频两种，但由于价格因素，一般使用者所购买的多为单频接收器。

Android 系统中 GPS 通信框架图如图 6-45 所示。

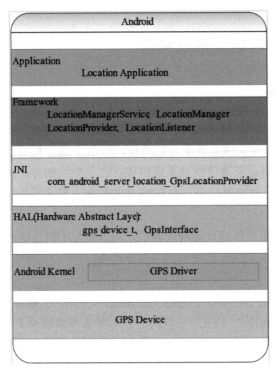

图 6-45　Android 系统中GPS 通信框架图

6.7.2　项目原理

首先需要两个监听器：一个是监听位置的，以便获取经纬度等数据；另一个是监听卫星的，以便获取卫星信号数据。得到这两类数据后就需要在两个界面里显示出来，所以需要以下的权限：

```
<uses-permission android:name="android.permission.ACCESS_COARSE_LOCATION" />
<uses-permission android:name="android.permission.ACCESS_FINE_LOCATION" />
```

流程图如图 6-46 所示。

6.7.3　系统 API 介绍

- LocationManager 类：这个类提供访问系统的定位服务。这些服务允许应用程序获取设备地理位置的周期性更新。或当设备进入了一个给定的地理位置区域后就启动一个特定的应用意图（Intent）。不需要直接实例化这个类，可通过 Context.getSystemService(Context.LOCATION_SERVICE)函数来取得一个 LocationManager 类的实例。

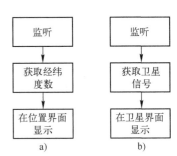

图 6-46　应用流程图

a) 获取经纬度数　b) 获取卫星信号

- Location 类：这个类代表了一个地理位置。一个位置是由经度、纬度、UTC 时间戳和可选的信息如海拔高度、速度和方位组成的。信息具体如特定的提供者或类的供应商可通过 getExtras()函数来获取。

- GpsSatellite 类：这个类代表一个 GPS 卫星的当前状态。这个类是与 GpsStatus 类结合来使用的。
- GpsStatus 类：这个类代表了当前 GPS 引擎的状态，是与 GpsStatus.Listener 类结合来使用的。
- LocationListener 接口：这个接口是用于当位置发生改变时通过 LocationManager 发过来的通知，可以通过 requestLocationUpdates(String, long, float, LocationListener)函数来注册监听器接口获得位置信息，并通过 removeUpdates(locationListener)函数来注销监听器。
- GpsStatus.Listener 接口：用于接收当卫星状态发生改变时发过来的通知。

6.7.4 应用程序编写

1．监听器设置

两个监听器是 GPS 定位的核心。之所以放在唤醒函数里设置监听是因为需要在暂停函数里注销这些监听器，这样就会在应用进入休眠时停止使用 GPS。在位置监听器的主体里会获取到位置相关的数据，如经度、纬度、速度等。得到数据后就会传给 LocationFragment，用于显示位置。在位置监听器里有很多函数，其中 onLocationChanged 函数是当位置发生改变时调用。

在卫星监听器里会得到卫星信号的强度和卫星个数等信息。卫星监听器的函数虽然只有一个但是却定义了很多事件，这里主要介绍 GpsStatus.GPS_EVENT_SATELLITE_STATUS 事件，在卫星状态改变时就会触发这个事件。

getPrn 函数是获取噪声码。getSnr 函数是获取信噪比，也就是信号强度。usedInFix 函数是判断是否被用于近期的 GPS 修正计算。

```
/**
 * 唤醒，进入这个界面时调用。在这里要添加两个监听器，分别是位置与卫星监听器
 */
@Override
protected void onResume() {
    lm.addGpsStatusListener(statusListener);
    lm.requestLocationUpdates(LocationManager.GPS_PROVIDER,
            1000, 1, locationListener);
    super.onResume();
}
/**
 * 暂停，离开这个界面时调用。在这里需要注销两个监听器
 */
@Override
protected void onPause() {
    lm.removeGpsStatusListener(statusListener);
    lm.removeUpdates(locationListener);
    super.onPause();
}
/**
```

```
 *  位置信息变化时触发
 */
@Override
public void onLocationChanged(Location location) {
    if(lf == null) {
        lf = (LocationFragment) getSupportFragmentManager()
                .findFragmentByTag("tab1");
        if(lf == null)
            return;
    }
    double lon = location.getLongitude();       // 经度
    double lat = location.getLatitude();        // 纬度
    double alt = location.getAltitude();        // 海拔
    float spd = location.getSpeed();            // 速度
    long time = location.getTime();             // 时间
//  float acc = location.getAccuracy();         // 精度

    lf.setLocationData(lon, lat, alt, spd, time);
}

    //卫星状态改变
    case GpsStatus.GPS_EVENT_SATELLITE_STATUS:
        if(sf == null) {
            sf = (SatelliteFragment) getSupportFragmentManager()
                    .findFragmentByTag("tab2");
            if(sf == null)
                return;
        }

        //获取当前状态
        GpsStatus gpsStatus=lm.getGpsStatus(null);
        //获取卫星颗数的默认最大值
        int maxSatellites = gpsStatus.getMaxSatellites();
        //创建一个迭代器保存所有卫星
        Iterator<GpsSatellite> iters = gpsStatus.getSatellites().iterator();
        sf.clearData();
        int count = 0;
        while (iters.hasNext() && count <= maxSatellites) {
            GpsSatellite s = iters.next();
            sf.addData(s.getPrn(), s.getSnr(), true);
            count++;
        }
        sf.updata();
        break;
```

2. 绘制世界地图及晨昏线

在绘制世界地图及晨昏线这两个自定义的控件里会显示出位置信息与卫星信息。

MapView 类会显示一个世界地图以及所在的位置，还会显示太阳直射点位置、白天与黑夜地区，并在 onDraw 函数里画出这一切。CalcMapPoint 函数是将经纬度转化成地图上的一个点。在界面中还需计算绘制出太阳直射点和晨昏线。

```java
/**
 * 绘制控件，在这里需要画出控件的所有内容
 */
@Override
protected void onDraw(Canvas canvas) {
    // 画出世界地图
    canvas.drawBitmap(worldBmp, worldSrc, worldDst, worldPaint);

    // 画出 0 度经线和 0 度纬线
    Paint p = new Paint();
    p.setAntiAlias(true);
    p.setColor(Color.rgb(120, 120, 120));
    canvas.drawLine(worldDst.left, worldDst.centerY(),
            worldDst.right, worldDst.centerY(), p);
    canvas.drawLine(worldDst.centerX(), worldDst.top,
            worldDst.centerX(), worldDst.bottom, p);

    // 画出太阳以及晨昏线
    PointF pf = new PointF();
    if(sunLon > -180 && sunLon < 180 && sunLat > -90 && sunLat < 90) {
        p.setColor(Color.rgb(255, 210, 0));
        p.setStyle(Paint.Style.FILL);
        calcMapPoint(sunLon, sunLat, pf);
        canvas.drawCircle(pf.x, pf.y, 10, p);

        p.setColor(Color.argb(96, 0, 0, 0));
        p.setStyle(Paint.Style.FILL);
        calDayNight();
        canvas.drawPath(dayNightPath, p);
    }

    // 画出现在所处的位置
    if(posLon > -180 && posLon < 180 && posLat > -90 && posLat < 90) {
        calcMapPoint(posLon, posLat, pf);
        canvas.drawPoint(pf.x, pf.y, positionPaint);
    }
}
/**
 * 由经纬度计算出地图上的点
 *
 * @param lon 经线
 * @param lat 纬线
```

```
     * @param p 最后算出来的位置点
     */
    private void calcMapPoint(double lon, double lat, PointF p) {
        float d1 = (float) (180.0f + lon);
        float d2 = (float) (90.0f + lat);
        p.x = worldDst.left + (d1 * worldDst.width() / 360.0f);
        p.y = worldDst.bottom - (d2 * worldDst.height() / 180.0f);
    }
```

3．编辑卫星信号视图控件

最后编辑卫星信号视图控件 SatelliteView 类。在这个视图里有两部分：一个是卫星信号图；另一个是卫星信号对照图。在卫星信号图里是显示所有能探测到的卫星信号的强弱。在 onDraw 函数中，首先要画出所有的框架和底纹。然后再画出对照图上的方形图和对照图上的所有文字，这些文字可以方便对照卫星信号。最后就是卫星信号强弱的方形图了，这里用循环来画出所有的卫星信号方形图。画完后还要画出卫星信号的强弱值。

```
/**
 * 绘制控件，在这里画出控件的所有内容
 */
@Override
protected void onDraw(Canvas canvas) {
    // 绘制了信号图与对照图的框
    Paint p = new Paint();
    p.setAntiAlias(true);
    p.setStyle(Paint.Style.STROKE);
    p.setStrokeWidth(2);
    p.setColor(Color.rgb(100, 100, 100));
    canvas.drawRoundRect(snrRect, 10, 10, p);
    canvas.drawRoundRect(sampleRect, 10, 10, p);

    // 绘制底线
    canvas.drawLine(snrRect.left, snrRect.bottom - 50,
                snrRect.right, snrRect.bottom - 50, p);
    canvas.drawLine(sampleRect.left, sampleRect.bottom - 50,
                sampleRect.right, sampleRect.bottom - 50, p);

    // 绘制 3 条比例线
    float len = snrRect.bottom - 50 - snrRect.top - 10;
    p.setStrokeWidth(1);
    p.setColor(Color.rgb(200, 200, 200));
    canvas.drawLine(snrRect.left, snrRect.bottom - 50 - len / 3,
                snrRect.right, snrRect.bottom - 50 - len / 3, p);
    canvas.drawLine(snrRect.left, snrRect.bottom - 50 - len * 2 / 3,
                snrRect.right, snrRect.bottom - 50 - len * 2 / 3, p);
    canvas.drawLine(snrRect.left, snrRect.bottom - 50 - len,
                snrRect.right, snrRect.bottom - 50 - len, p);
    // 绘制对照图
```

```
RectF r = new RectF();
int[] colors = new int[]{Color.rgb(255, 0, 0), Color.rgb(255, 255, 0),
            Color.rgb(0, 255, 0), Color.rgb(0, 255, 0)};
LinearGradient shader = new LinearGradient(0, snrRect.bottom - 50,
            0, snrRect.top + 10, colors, null, TileMode.CLAMP);
p.setShader(shader);
p.setStyle(Paint.Style.FILL);
r.set(sampleRect.left + 5, sampleRect.top + 10,
            sampleRect.left + 40, sampleRect.bottom - 50);
canvas.drawRect(r, p);

// 绘制对照图上的文字
p.setShader(null);
p.setTypeface(Typeface.DEFAULT_BOLD);
p.setColor(Color.BLACK);
p.setTextSize(25);
canvas.drawText("SNR", sampleRect.left + 15, sampleRect.bottom - 15, p);
p.setTextSize(18);
canvas.drawText("00", sampleRect.left + 45, sampleRect.bottom - 51, p);
canvas.drawText("30", sampleRect.left + 45, sampleRect.bottom - 45 - len / 3, p);
canvas.drawText("60", sampleRect.left + 45, sampleRect.bottom - 45 - len * 2 / 3, p);
canvas.drawText("100", sampleRect.left + 45, sampleRect.top + 20, p);
// 绘制所有的信号图
r.set(snrRect.left + 5, snrRect.bottom - 50,
            snrRect.left + 40, snrRect.bottom - 50);
for(int i = 0; i < list.size(); i++) {
        Data d = list.get(i);
        r.top = r.bottom - d.snr * len / 100;
        int color = Color.rgb(160, 160, 160);
        if(d.isUse) {
                int cr = (int) ((d.snr < 33.3)? 255 :
                        (d.snr > 66.6)? 0 : ((d.snr - 33.3) / 33.3 * 255));
                int cg = (int) ((d.snr > 33.3)? 255 : (d.snr / 33.3 * 255));
                color = Color.rgb(cr, cg, 160);
        }
        p.setColor(color);
        canvas.drawRect(r, p);

        p.setColor(Color.BLACK);
        p.setTextSize(20);
        canvas.drawText(Integer.toString(Math.round(d.snr)),
                    r.left + 5, r.top - 5, p);
        canvas.drawText(Integer.toString(d.prn),
                    r.left + 5, r.bottom + 25, p);
        r.offset(40, 0);
    }
}
```

6.7.5 调试运行

1）把平台的 ANT1 接上 GPS 天线，并把天线放到窗外。同时在设置位置信息里开启 GPS 卫星定位，如图 6-47 所示。

图 6-47 位置信息

2）单击工具栏上的"Run 'app'"按钮进行编译。编译后，在平台看到的界面如图 6-48 所示。

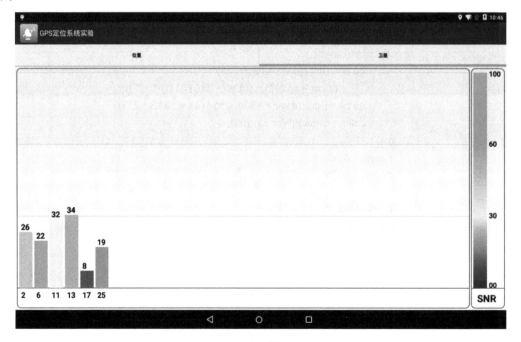

图 6-48 GPS 定位系统界面——卫星

本章小结

本章通过基于 ARM Cortex 系列的嵌入式系统技术硬件开发基础项目以及进阶项目的讲解，从硬件平台方面熟悉嵌入式操作系统的内核驱动、硬件调试等技能应用。

 思考与习题

1. 简单描述 JNI 的主要功能与性质。
2. 简要说明嵌入式硬件开发的主要步骤。

参 考 文 献

[1] 周立功. ARM 嵌入式系统基础教程[M]. 北京：北京航空航天大学出版社，2016.

[2] 杜春雷. ARM 体系结构与编程[M]. 北京：清华大学出版社，2015.

[3] 罗文龙. Android 应用程序开发教程——Android Studio 版[M]. 北京：电子工业出版社，2019.

[4] 李宁宁. 基于 Android Studio 的应用程序开发教程[M]. 北京：电子工业出版社，2018.

[5] 王田苗. 嵌入式系统设计与实例开发[M]. 北京：清华大学出版社，2017.

[6] 魏洪兴. 嵌入式系统设计师教程[M]. 北京：清华大学出版社，2016.

[7] 墨菲. Android 开发入门教程[M]. 李雪飞，吴明晖，译. 北京：人民邮电出版社，2016.

[8] 朱凤山. Android 移动平台应用开发高级教程[M]. 北京：清华大学出版社，2018.